Ettore Majorana Scientific Papers

Società Italiana di Fisica

English translation of the original Italian texts by *P. Radicati di Brozolo* (papers no. 1a, 2, 3, 4, 5, 6, Preliminary notes for the inaugural lecture), *N. Robotti* and *F. Guerra* (paper no. 1b), *C. A. Orzalesi* (paper no. 7), *L. Maiani* (paper no. 9) and *R. N. Mantegna* (paper no. 10). English translation from the original German text by *V. Wehrli-Brink* (paper no. 8a)

H. Winter is gratefully acknowledged for carefully reading the proofs and for translating into German the notes of the Editor of paper no. 8a

Original versions and English translations with revisions by the Editors

Cover design: Muon Neutrino from the project *"Perception of the Extreme Unseen - Visual Representation of Subatomic Particle Energy and Matter"*. A collaboration between design and physics at the University of Michigan 2002-05 by Drs. G. Kane, D. Gerdes and Industrial Designer J. H. Andersen. (Courtesy of J. H. Andersen)
Graphic elaborated by S. Oleandri

The portraits and photographs of Ettore Majorana are published by kind permission of the Majorana family, E. Recami and B. Piqué. (Reproduction is not permitted)

Produced by the Editorial Staff of the Italian Physical Society, Bologna, Italy, under the supervision of A. Oleandri

Printing and binding: Monograf, s.r.l., Via Collamarini 5/e, Bologna, Italy

Printed on acid-free paper

ETTORE MAJORANA
Scientific Papers

On occasion of the centenary of his birth

edited by
G. F. Bassani
and the Council of the Italian Physical Society

Giuseppe Franco Bassani
Scuola Normale Superiore
P.zza dei Cavalieri, 7
I-56126 Pisa, Italy

ISBN 88-7438-031-3   SIF Bologna Italy
ISBN-13 978-3-540-48091-4   Springer Berlin Heidelberg New York
ISBN-10 3-540-48091-9   Springer Berlin Heidelberg New York
Library of Congress Control Number: 2006936896

Jointly published by:

Società Italiana di Fisica, Bologna
http://www.sif.it

and

Springer Berlin Heidelberg New York
Springer is part of Springer Science+Business Media
springer.com

© SIF, Bologna - Springer-Verlag Berlin Heidelberg 2006

Printed in Italy

INDICE - CONTENTS

Prefazione

A un secolo dalla sua nascita Ettore Majorana suscita sentimenti profondi in chi ha studiato la sua opera scientifica e in chi si è avvicinato al suo modo di essere e ne ha apprezzato la sensibilità e l'umanità.

In questa occasione la Società Italiana di Fisica presenta un volume con tutti i suoi lavori nella lingua originale e —nella maggior parte dei casi per la prima volta— nella traduzione in inglese. Ogni lavoro è commentato da un esperto del settore specifico.

La ragione di tale impegno non comune è nella figura scientifica e umana di Ettore Majorana, che si colloca a buon diritto tra i grandi fisici della prima metà del ventesimo secolo. Enrico Fermi aveva di lui un'opinione altissima, tanto che è stata riferita una conversazione privata nella quale lo classificava tra i veri geni della scienza, come Galilei e Newton, quale forse avrebbe potuto essere se si fosse dedicato per lungo tempo alla fisica.

Le note scientifiche sono presentate in ordine cronologico rispettando le numerazioni attribuite da Edoardo Amaldi nel libro da lui curato "La vita e le opere di Ettore Majorana" pubblicato dall'Accademia Nazionale dei Lincei nel 1966.

Per non alterare l'ordine numerico (e cronologico) è stato attribuito il numero 1b alla comunicazione presentata da Ettore Majorana alla XII Adunanza Generale della Società Italiana di Fisica a Roma del dicembre 1928, quando era ancora studente. Il sunto di tale comunicazione, che riguarda il metodo di Thomas-Fermi, è pubblicato ne "Il Nuovo Cimento", ma per motivi non noti era stato precedentemente ignorato ed escluso dalla lista delle pubblicazioni. È stato recentemente ritrovato ed analizzato da Francesco Guerra e Nadia Robotti che si sono occupati di commentarlo in questo volume.

A questa lista si è deciso di aggiungere anche uno dei molti manoscritti che sono conservati principalmente alla "Domus Galileiana" di Pisa e che sono stati già analizzati da studiosi di Storia della Scienza. Si tratta degli "Appunti per la Lezione Inaugurale" del suo corso all'Università di Napoli, con commento di Bruno Preziosi e Erasmo Recami.

I commenti delle altre note scientifiche sono stati curati da Ennio Arimondo, Nicola Cabibbo, Massimo Inguscio, Luciano Maiani, Rosario Nunzio Mantegna, Francesco Minardi, Luigi Radicati di Brozolo e Antonio Sasso.

Scrivere una breve storia della vita di Ettore Majorana e delle sue caratteristiche essenziali non è compito facile; la sua misteriosa scomparsa, infatti, ha stimolato nel tempo molte ipotesi e fantasie circa la sua personalità e le motivazioni che hanno indotto il suo comportamento. Per essere concisi e il più vicini possibile alla realtà dei fatti, si è deciso quindi di selezionare le parti salienti della biografia scritta da Edoardo Amaldi che lo ha conosciuto personalmente e gli è stato amico.

Confidiamo che questo volume sia di interesse per gli studiosi di Storia della Scienza e per i ricercatori di fisica che si occupano di problemi correlati alle pubblicazioni di Majorana. Le qualità eccezionali dell'uomo e la profondità delle sue opere giustifica la nostra fiducia e l'impegno richiesto.

Preface

A century after his birth, the figure of Ettore Majorana still arouses deep feelings in all those who studied his scientific work or became acquainted with his personality and appreciated his sensibility and human qualities.

In this occasion the Italian Physical Society presents a collection of Majorana's scientific papers (note scientifiche) in the original language and, for the first time— with three exceptions— translated into English. Each paper is then followed by a comment of an expert in the specific field.

The reason for this not common undertaking stands in the scientific and human character of Ettore Majorana, who can be rightfully considered one of the greatest physicists of the first half of the last century. Enrico Fermi himself had so good an opinion of Majorana that, in a private conversation, he referred to him as a real genius at the same level as Galilei and Newton, such that he could most probably have been, if he only had had a longer life to dedicate to physics.

In the present volume the scientific notes are presented in chronological order following the numbering given by E. Amaldi in his book "La vita e le opere di Ettore Majorana", published by Accademia Nazionale dei Lincei, Rome, 1966.

Not to alter the numeric (and chronological) order, number 1b has been assigned to a talk given by Majorana at the XII General Meeting of the Italian Physical Society in december 1928, when he was still a student. The summary of that talk, dealing with the Thomas-Fermi method, was published in "Il Nuovo Cimento" but for some unknown reason had been previously neglected and left out of Majorana's publication list. It has been recently discovered and analysed by Francesco Guerra and Nadia Robotti, who commented it in this volume.

Among many manuscripts that are available mostly at the "Domus Galileiana" of Pisa, and which have been analysed by experts in the History of Science, one has been chosen to close the volume. It is the "Appunti per la lezione inaugurale" (Notes for the inaugural lecture) of Majorana's course at the University of Naples, with comments by Bruno Preziosi and Erasmo Recami.

The other scientific papers have been commented by Ennio Arimondo, Nicola Cabibbo, Massimo Inguscio, Luciano Maiani, Rosario Nunzio Mantegna, Francesco Minardi, Luigi Radicati di Brozolo and Antonio Sasso.

To write a brief history of the life and character of Ettore Majorana is a difficult task, particularly because his misterious disappearance has stimulated many hypotheses and fantasies about his personality and the motivations behind his behaviour. To be realistic and concise, we have selected the essential parts of the testimonial writings of E. Amaldi who knew him personally and was his friend.

We believe that this volume will be of interest to the specialists of the History of Science and to the physicists concerned with problems related to Majorana's contributions. The rare qualities of the man and the depth of his work may justify our confidence and our endeavour.

Note biografiche(*)

Ettore Majorana nacque a Catania il 5 agosto 1906 da una nota famiglia di professionisti di quella città. Il padre ing. Fabio Massimo (n. a Catania nel 1875, m. a Roma nel 1934) era fratello minore di Quirino Majorana (1871-1957) noto professore di fisica sperimentale dell'Università di Bologna(¹). L'ing. Fabio Massimo era stato per molti anni Direttore dell'Azienda Telefonica di Catania; trasferitosi a Roma era stato nominato nel 1928 Capo Divisione e, qualche anno dopo, Ispettore Generale del Ministero delle Comunicazioni. Dal suo matrimonio con la Sig.ra Dorina Corso (n. a Catania nel 1876, m. a Roma nel 1965) anch'essa di famiglia catanese, erano nati cinque figli: Rosina, sposata più tardi con Werner Schultze, Salvatore, dottore in legge e studioso di filosofia, Luciano, ingegnere civile, specializzato in costruzioni aereonautiche ma che poi si dedicò alla progettazione e costruzione di strumenti per l'astronomia ottica, Ettore e, quinta e ultima, Maria, musicista e insegnante di pianoforte.

I familiari e gli amici di famiglia raccontano che Ettore cominciò a dar prova di attitudine per l'aritmetica e il calcolo numerico già a quattro anni di età: attitudine che manifestava concretamente facendo come gioco, a memoria e in pochi secondi, moltiplicazioni fra numeri entrambi di tre cifre che gli venivano detti dai familiari stessi o dai loro visitatori. Quando uno di questi gli chiedeva di fare un calcolo, il piccolo ETTORE si infilava sotto un tavolo quasi cercasse di isolarsi e di lì dava, pochi secondi dopo, la risposta.

A sette anni era divenuto un noto scacchista tanto che la cosa fu riportata nella cronaca cittadina. Dopo aver fatto le prime classi delle scuole elementari in casa, entrò come interno all'Istituto Massimo di Roma(²), ove completò le elementari e ove seguì il ginnasio che superò in quattro anni avendo saltato il quinto. Quando nel 1921 la sua

---

(*) Parzialmente riprodotto, per gentile concessione dell'Accademia Nazionale dei Lincei, da: "La vita e le opere di Ettore Majorana" (Accademia dei Lincei, Roma) 1966. Per rispettare fedelmente il testo originale, i riferimenti temporali sono stati mantenuti inalterati e quindi sono relativi agli anni '60. (Nota del Curatore.)

(¹) E. PERUCCA, *Commemorazione del Socio Quirino Majorana*, "Rend. Accad. Lincei", *25*, 2° semestre, p. 354. Per l'elenco delle pubblicazioni e alcuni dati biografici vedi anche lo: "Annuario Generale dell'Accademia Nazionale dei XL", Roma, Anno 1953, p. 31.

(²) Istituto Parificato Massimiliano Massimo, diretto dai Padri Gesuiti.

famiglia si trasferì a Roma, egli seguitò a frequentare come esterno la prima e la seconda liceo all'Istituto Massimo, ma passò, per il terzo anno, al Liceo Statale Torquato Tasso ove, nella sessione estiva del 1923, conseguì la maturità classica con voti elevati[3].

Nell'autunno dello stesso anno ETTORE si iscrisse al Biennio di Studi di Ingegneria dell'Università di Roma e prese a frequentare le lezioni e le esercitazioni, regolarmente superando gli esami con voti molto elevati.

Fra i suoi compagni di corso c'era suo fratello Luciano, con cui passava anche buona parte delle ore dedicate allo svago e ai comuni amici: c'erano anche Emilio Segré, oggi professore di Fisica all'Università di Berkeley in California, ed Enrico Volterra, oggi professore di Scienza delle Costruzioni all'Università di Houston nel Texas.

Finito il Biennio di Ingegneria, questo gruppo di giovani, tutti molto brillanti, cominciò a frequentare la Scuola di Applicazione per gli Ingegneri di Roma.

Ettore seguitò a riportare voti elevati in tutti gli esami, salvo una bocciatura in idraulica.

Come al biennio così anche alla Scuola di Ingegneria, MAJORANA faceva da consulente a tutti i suoi compagni per la soluzione dei problemi più difficili: in particolare se si trattava di problemi matematici.

Nel periodo in cui frequentava la Scuola di Ingegneria MAJORANA, al pari di alcuni suoi compagni di corso, aveva cominciato a mostrarsi molto critico verso il modo in cui venivano impartiti alcuni degli insegnamenti; egli riteneva che si scendesse troppo spesso nella descrizione di particolari inessenziali mentre non veniva dato abbastanza rilievo alla sintesi generale caratteristica di un solido inquadramento scientifico. Questa sua radicata convinzione era alla base di frequenti vivaci e talvolta aspre discussioni che aveva con alcuni dei professori.

All'inizio del 2° anno della Scuola di Ingegneria (4° dall'inizio degli studi universitari) Emilio Segré decise di seguire una sua vecchia inclinazione e passò agli studi di Fisica. Tale decisione era maturata in lui durante l'estate 1927, periodo in cui aveva conosciuto Franco Rasetti, allora assistente all'Istituto di Fisica dell'Università di Firenze. Attraverso Rasetti, Segré aveva conosciuto anche Enrico Fermi, allora ventiseienne e da poco nominato (novembre 1926) professore straordinario alla Cattedra di Fisica Teorica dell'Università di Roma[4].

La creazione di questa nuova cattedra era dovuta all'opera di O. M. Corbino professore di Fisica Sperimentale e direttore dell'Istituto di Fisica dell'Università di Roma, il quale, avendo giustamente valutato le eccezionali capacità di Enrico Fermi, aveva iniziato tutta una serie di azioni per creare in Roma una Scuola di Fisica moderna.

---

[3] Il certificato di Diploma di Maturità Classica rilasciato in data 11 maggio 1964 dal Liceo Ginnasio Statale Torquato Tasso riporta le seguenti votazioni:
Italiano: s.sette, o.otto; Latino: s.sette, o.sette; Greco: s.sette, o.sette; Storia e Geografia: otto; Filosofia: sette; Matematica: nove; Fisica: nove; Storia Naturale: sette; Ginnastica: otto.
[4] Qualche maggiore dettaglio si può trovare nella Nota biografica di Enrico Fermi, scritta da EMILIO SEGRÉ e contenuta nel I volume di *Enrico Fermi, Note e memorie (collected papers)* Accademia Nazionale dei Lincei e the University of Chicago Press, Roma (1962).

Nell'autunno 1927 e all'inizio dell'inverno 1927-28 Emilio Segré, nel nuovo ambiente fisico che si era formato da pochi mesi attorno a Fermi, parlava frequentemente delle eccezionali qualità di ETTORE MAJORANA e, contemporaneamente, cercava di convincere ETTORE MAJORANA a seguire il suo esempio, facendogli notare come gli studi di Fisica fossero assai più consoni di quelli di Ingegneria alle sue aspirazioni scientifiche e alle sue capacità speculative. Il passaggio a Fisica ebbe luogo al principio del 1928 dopo un colloquio con Fermi, i cui dettagli possono servire assai bene a tratteggiare alcuni aspetti del carattere di ETTORE MAJORANA.

Egli venne all'Istituto di Fisica di Via Panisperna e fu accompagnato da Segré nello studio di Fermi ove si trovava anche Rasetti.

Fu in quell'occasione che io lo vidi per la prima volta. Da lontano appariva smilzo, con un'andatura timida quasi incerta; da vicino si notavano i capelli nerissimi, la carnagione scura, le gote lievemente scavate, gli occhi vivacissimi e scintillanti: nell'insieme, l'aspetto di un saraceno.

Fermi lavorava allora al modello statistico che prese in seguito il nome di modello di THOMAS-FERMI.

Il discorso con MAJORANA cadde subito sulle ricerche in corso all'Istituto e Fermi espose rapidamente le linee generali del modello e mostrò a MAJORANA gli estratti dei suoi recenti lavori sull'argomento e, in particolare, la tabella in cui erano raccolti i valori numerici del cosidetto potenziale universale di Fermi.

MAJORANA ascoltò con interesse e, dopo aver chiesto qualche chiarimento, se ne andò senza manifestare i suoi pensieri e le sue intenzioni. Il giorno dopo, nella tarda mattinata, si presentò di nuovo all'Istituto, entrò diretto nello studio di Fermi e gli chiese, senza alcun preambolo, di vedere la tabella che gli era stata posta sotto gli occhi per pochi istanti il giorno prima. Avutala in mano, estrasse dalla tasca un fogliolino su cui era scritta un'analoga tabella da lui calcolata a casa nelle ultime 24 ore, trasformando, secondo quanto ricorda Segré, l'equazione differenziale del secondo ordine non lineare di THOMAS-FERMI in un'equazione di RICCATI che poi aveva integrato numericamente. Confrontò le due tabelle e, avendo constatato che erano in pieno accordo fra loro, disse che la tabella di FERMI andava bene: e, uscito dallo studio di Fermi, se ne andò dall'Istituto. Dopo qualche giorno passò a Fisica e cominciò a frequentare regolarmente l'Istituto.

Passato a Fisica, ETTORE MAJORANA aveva in breve tempo impressionato tutti per vivezza di ingegno, profondità di comprensione ed estensione di studi che lo rendevano molto superiore a tutti i suoi nuovi compagni. Il suo spirito critico era poi eccezionalmente penetrante e inesorabile tanto che lo avevamo soprannominato il "Grande Inquisitore": nello stesso quadro scherzoso chiamavamo Fermi il "Papa", Rasetti il "Cardinale Vicario" e così via[4][5].

La sua capacità di calcolo era poi strabiliante. Non solo faceva completamente a memoria calcoli numerici assai complessi, ma eseguiva a memoria, in venti o trenta

---

[5] L. FERMI, *Atoms in the family*, the university of Chicago Press (1954); vedi anche la traduzione in italiano: *Atomi in famiglia*, Mondadori (1954).

secondi; anche il calcolo letterale di integrali definiti sufficientemente complicati da richiedere per un abile matematico un notevole numero di passaggi: eseguiva anche la sostituzione dei limiti letterali o numerici e dava direttamente i risultati finali.

Nel 1928 durante i mesi di maggio e giugno, ossia nel periodo di preparazione e di svolgimento degli esami universitari, avevamo preso l'abitudine di trovarci prima di cena, fra le sette e le otto di sera, alla Casina delle Rose a Villa Borghese. Oltre ad ETTORE MAJORANA, Giovanni Gentile junior, Emilio Segré ed io dell'Istituto di Fisica, venivano Luciano Majorana, Giovanni Enriques, Giovanni Ferro-Luzzi, Gastone Piqué, tutti studenti di ingegneria dello stesso anno di Ettore. Sorseggiando una bibita o mangiando un gelato si discuteva della preparazione degli esami o degli ultimi esami sostenuti, qualcuno di noi fisici raccontava qualche risultato di fisica atomica che aveva appreso recentemente, il più delle volte da Fermi, o qualcuno degli studenti di Ingegneria discuteva delle proprietà del campo elettromagnetico o di qualche sua applicazione o diceva male del professore di Idraulica che era la loro bestia nera. Si parlava anche di letteratura: ETTORE conosceva e apprezzava in generale i classici e prediligeva Shakespeare e Pirandello. Si parlava anche di questioni di cultura varia, nelle quali ETTORE era sempre ferratissimo, un poco di politica, ma sopratutto della spedizione Nobile al Polo Nord che aveva avuto luogo proprio in quell'epoca (marzo-maggio 1928) e che aveva dato origine alle ben note, complesse vicende umane[6].

I suoi colleghi di corso di Ingegneria spesso prendevano bonariamente in giro Ettore per la sua inattitudine al disegno; descrivevano la scena di Ettore che, alle esercitazioni di geometria proiettiva, prendeva un grande foglio, e dopo qualche ora di lavoro, vi aveva tracciato sopra la sua costruzione, ineccepibile dal punto di vista di principio, ma piccola piccola e messa per storto in un angolino mentre il resto del foglio era restato immacolato. ETTORE ascoltava i racconti degli amici con un'aria lievemente divertita quasi si trattasse di un altro e alla fine commentava tutta la storia e il racconto che ne era stato fatto con qualche battuta fine e spiritosa.

ETTORE MAJORANA, Gabriello Giannini, che nel seguito si affermò come costruttore e industriale elettronico negli Stati Uniti, ed io, ci laureammo lo stesso giorno, il 6 luglio 1929: ETTORE presentava una tesi *Sulla meccanica dei nuclei radioattivi*, di cui fu relatore Fermi, ed ebbe 110/110 e lode[7]. La lettura di questa tesi, anche a distanza di

---

[6] Nella seconda spedizione al Polo Nord con dirigibile, organizzata e diretta da U. Nobile (nella prima, che aveva avuto luogo nel 1926 sotto la direzione di R. Amundsen, Nobile aveva avuto il compito di pilotare l'aeronave), al ritorno dal secondo volo sul Polo il dirigibile Italia precipitava sulla banchisa distruggendosi e lasciando sul ghiaccio alcuni naufraghi. Nelle vicende che ne seguirono, trovarono la morte otto membri della spedizione oltre a sei persone che avevano tentato di portare soccorso ai naufraghi; fra queste anche R. Amundsen.

[7] Il certificato di Laurea in Fisica, rilasciato in data 15 maggio 1964 dall'Università di Roma, riporta le seguenti votazioni:

Algebra: Trenta; Geometria Analitica e Proiettiva: Trenta con lode; Chimica Applicata: Ventisette; Meccanica Razionale: Trenta con lode; eser. Disegno con elementi di macchine: Diciotto; Calcolo delle probabilità: Ventisette; Geometria descrittiva: Trenta; Fisica: Trenta; Fisica Superiore: Trenta con lode; Fisica Terrestre: trenta con lode; Esercizi di Fisica: Trenta; Fisica

quasi quarant'anni, colpisce per la chiarezza della impostazione e l'approfondimento dei problemi relativi alla struttura dei nuclei e alla teoria del loro decadimento alfa.

Dopo la laurea, ETTORE continuò a frequentare l'Istituto dove passava più o meno regolarmente un paio di ore al mattino, dalle 10,30-11 alle 12,30-13, e qualche ora nel pomeriggio, dalle 5 alle 7,30.

Queste ore venivano trascorse in biblioteca ove studiava sopratutto i lavori di DIRAC, HEISENBERG, PAULI, WEYL e WIGNER.

Gli ultimi due autori erano forse i soli per cui egli esprimesse ammirazione senza riserve. Questa era dovuta, almeno in buona parte, al suo interesse particolarmente vivo, quasi profetico, per la teoria dei Gruppi e le sue applicazioni alla fisica. In più occasioni in quell'epoca MAJORANA espresse l'intenzione di scrivere un libro su questo argomento; e Segré crede anzi di ricordare di avergli sentito dire che ne aveva scritto qualche capitolo.

I suoi giudizi su scienziati viventi, anche di primo piano, erano quasi sempre oltremodo severi, tanto da far sorgere il sospetto di una presunzione e di un orgoglio del tutto eccezionali; se non che tale severità si attenuava o addirittura scompariva nel caso dei suoi amici, mentre altrettanto severi erano i giudizi che egli faceva intendere implicitamente su se stesso e che manifestava esplicitamente sul suo lavoro. Le persone a lui vicine avevano così finito con il comprendere che tanta severità non era altro che la manifestazione di uno spirito insoddisfatto e tormentato. Sotto un apparente isolamento dal prossimo non solo di fatto ma anche di sentimenti, si nascondeva una sensibilità vivissima che lo portava a stringere solo raramente rapporti di amicizia: ma allora questi erano dotati della profondità caratteristica della sua regione di origine.

Si era legato di particolare amicizia con me e ancor più con Giovanni Gentile junior (1906-1942)([8]). Quest'ultimo si era laureato in Fisica a Pisa nel novembre 1927 ed era stato subito dopo nominato assistente incaricato presso l'Istituto di Fisica dell'Università di Roma ove trascorse circa sei mesi dell'anno accademico 1927-28. Fu in questo periodo che egli conobbe e si legò di amicizia con Ettore, in collaborazione del quale fece più tardi il lavoro sullo sdoppiamento dei termini Roentgen (n. 1) [Corrispondente a n. 1a in questo volume].

Oltre che sull'affinità degli argomenti dei loro lavori di ricerca giovanili, l'amicizia tra Ettore Majorana e Giovanni Gentile junior si fondava sulla comune origine siciliana e sulla conseguente analogia, strutturale e affettiva, delle loro famiglie.

Il 12 novembre 1932 egli conseguì la libera docenza in Fisica Teorica: presentava solo cinque lavori, ma la commissione, composta da Enrico Fermi, Antonino Lo Surdo ed Enrico Persico, fu unanime nel riconoscere nel candidato "una completa padronanza della fisica teorica([9])".

Matematica: Trenta con lode.

([8]) C. POLVANI, *Giovanni Gentile junior*, "Reale Istituto Lombardo di scienze e lettere", *75*, fasc. II (1941-42); C. SALVETTI, *Giovanni Gentile junior*, "Rendiconti del Seminario Matematico e Fisico di Milano", *16* (1942).

([9]) La relazione della Commissione Giudicatrice per l'abilitazione alla libera docenza in Fisica Teorica è pubblicata nel: "Bollettino del Ministero dell'Educazione Nazionale", Anno 60°, Vol.

Dal punto di vista della produzione scientifica quegli anni rappresentano la prima delle due fasi della troppo breve attività di ricerca di ETTORE MAJORANA.

Questa prima fase comprende i lavori dal n. 1 al n. 6 che si riferiscono tutti a problemi di fisica atomica e molecolare: la seconda fase, documentata dai lavori n. 7, 8 e 9, riguarda invece problemi di fisica del nucleo o proprietà dei corpuscoli elementari.

I lavori appartenenti alla prima fase possono venir ulteriormente divisi in tre gruppi. Il primo è costituito dai lavori n. 1, 3 e 5 e riguarda problemi di spettroscopia atomica: il secondo gruppo comprende i lavori n. 2 e n. 4 che trattano alcune questioni relative al legame chimico. Il terzo gruppo infine comprende il solo lavoro n. 6 il quale verte sul problema del ribaltamento dello *spin* (*spin-flip*) non adiabatico in un fascio di atomi polarizzati.

Il lavoro n. 1, in collaborazione con GIOVANNI GENTILE junior, riguarda lo sdoppiamento dovuto allo *spin* dell'elettrone dei termini Roentgen 3^M del gadolinio ($Z = 64$) e dell'uranio ($Z = 92$) e dei termini ottici P del cesio ($Z = 55$) e il calcolo dell'intensità delle righe del cesio. Il calcolo viene eseguito a mezzo della teoria delle perturbazioni facendo uso delle autofunzioni dell'elettrone negli stati considerati ottenute con il metodo di THOMAS-FERMI.

Il lavoro n. 3 si riferisce a due righe che erano state scoperte recentemente nello spettro dell'elio e che non erano interpretabili come combinazione di termini conosciuti. Lo scopritore (P. G. KRUGER) aveva proposto di interpretare queste due righe come dovute alla transizione da uno stato normale a due nuovi stati "accentati", ossia stati con due elettroni eccitati, i quali, essendo situati al di sopra della energia di ionizzazione dell'atomo di elio, avevano la possibilità di dar luogo a transizioni a stati dello spettro continuo ossia a processi di ionizzazione spontanea. A mezzo di un'analisi basata sulle proprietà di simmetria delle autofunzioni imperturbate dei 16 stati che si ottengono combinando fra loro due orbitali di numero quantico totale 2, e di calcoli perturbativi spinti a termini del secondo ordine, ETTORE MAJORANA giunge a confermare la interpretazione proposta originariamente per una delle due righe e ad escludere che l'altra fosse dovuta all'atomo di elio.

In questo lavoro è assai interessante la discussione delle proprietà di simmetria dei diversi stati rispetto allo scambio degli *spin* degli elettroni (stati di singoletto e di tripletto), alle rotazioni spaziali (quanto azimutale o momento della quantità di moto orbitale), alle rotazioni assiali (quanto magnetico) e alle riflessioni nel centro di forza (parità).

Il lavoro n. 5, terzo ed ultimo dei lavori di spettroscopia atomica, riguarda i cosidetti tripletti P' incompleti del calcio. Come si è detto a proposito del lavoro n. 3, i termini accentati sono termini con due elettroni eccitati; ora, nello spettro del calcio erano noti a quell'epoca cinque gruppi di righe spettrali ciascuno composto da sei righe, dovute alla combinazione di termini normali e termini ordinabili in serie il cui limite corrisponde al calcio ionizzato una volta, avente però l'elettrone esterno nello stato eccitato 3^d invece che nello stato $1s$, come accade per le serie normali. Alcuni di questi termini, corrispondenti a configurazioni con 2 elettroni eccitati, sono situati al di sopra del potenziale di ionizzazione e ciò non ostante sono stabili, nel senso che non danno luogo ad un'apprezzabile ionizzazione spontanea. Questa stabilità, come fece notare MAJORANA, è dovuta al fatto che, nella approssimazione non relativistica, i detti termini hanno tali caratteri di simmetria che la transizione allo spettro continuo è rigorosamente proibita. Ma la presenza dei momenti magnetici intrinseci degli elettroni determina una leggera instabilità che solo in circostanze eccezionali può assumere importanza apprezzabile. È ciò che accade, come dimostrò MAJORANA, per la componente $J = 2$ dei tripletti anomali dello zinco, cadmio e mercurio, mentre nel caso del calcio l'esperienza mostra che proprio questa componente è assente o per lo meno molto debole.

Passando dai lavori di spettroscopia atomica ai lavori sul legame chimico, va notato fin d'ora che fu proprio attraverso lo studio approfondito di questi problemi che MAJORANA si impadronì della teoria quantistica del legame chimico di HEITLER E LONDON[10], circostanza, questa, che doveva risultare di grande importanza per la sua futura attività di ricerca. La sua conoscenza approfondita del meccanismo di scambio degli elettroni di valenza, che è alla base della teoria quantistica del legame chimico omeopolare, costituirà infatti più tardi il punto di partenza per l'ipotesi che le forze nucleari siano forze di scambio.

Il lavoro n. 2, sulla formazione dello ione molecolare di elio, parte da osservazioni spettroscopiche allora recenti, che avevano messo in evidenza alcune bande attribuite allo ione molecolare He_2^+. A mezzo di un calcolo di prima approssimazione, Majorana trova poi la distanza di equilibrio dei due nuclei nello ione He_2^+; e per la loro frequenza di oscillazione giunge a valori che si accordano molto bene con i valori trovati sperimentalmente.

Nel lavoro n. 4 MAJORANA studia in dettaglio le caratteristiche di un termine anomalo pari di singoletto (detto termine X) piuttosto profondo che era stato recentemente osservato nello spettro della molecola di idrogeno e che era stato interpretato come un termine accentato.

L'ultimo lavoro del periodo di attività dedicato a problemi di fisica atomica e molecolare è il n. 6.

Esso riguarda il problema del calcolo della probabilità di ribaltamento (*spin-flip*) dello *spin* degli atomi di un raggio di vapore polarizzato quando questo si muove in un campo magnetico rapidamente variabile.

Se il campo magnetico cambia lentamente di direzione, l'orientamento dell'atomo segue adiabaticamente la direzione del campo; ma che cosa accade se la variazione di direzione del campo non è adiabatica? In particolare, cosa accade se l'atomo passa in prossimità di un punto ove il campo magnetico è zero?

Il problema era stato discusso fin dai primi tempi della meccanica quantistica da DARWIN e LANDÉ[11]; e STERN, che aveva fatto qualche anno prima con GERLACH le famose

---

[10] W. WEITLER e F. LONDON, "Z. Physik", *44*, 455 (1927); F. LONDON, "Z. Physik", *46*, 455 (1927); *50*, 24 (1928); W. HEITLER, "Z. Physik", *46*, 47 (1927); *47*, 835 (1925); "Physik. Z.", *31*, 185 (1930).

[11] C.G. DARWIN, "Proc. Roy. Soc. (London)", A *117*, 258 (1928); A. LANDÉ, "Naturwiss.", *17*, 634 (1929).

esperienze sulla quantizzazione spaziale, si era proposto di verificare quantitativamente le previsioni teoriche anche per quanto riguardava le probabilità di transizione nel caso non adiabatico. Il problema si può enunciare nel seguente modo: si abbia un sistema quantizzato (come per esempio un atomo o una molecola) di momento angolare totale J e numero quantico magnetico m rispetto alla direzione di un campo magnetico costante nel tempo; si vuoi sapere quale o quali sono gli stati finali del sistema se il campo si mette a variare rapidamente con il tempo, in grandezza e direzione, secondo una certa funzione vettoriale $\vec{H}(t)$.

Nel suo lavoro MAJORANA dimostra che l'effetto globale di un campo magnetico variabile $\vec{H}(t)$ su di un corpuscolo di momento angolare $J = 1/2$ e data componente m lungo l'asse della z, può venir descritto come una brusca rotazione di un angolo α del momento angolare totale. Dopo che ha avuto luogo la rotazione dell'angolo α, il sistema non è più in uno stato di ben definita quantizzazione spaziale rispetto alla direzione originale del campo, ma deve essere descritto a mezzo di un pacchetto d'onde costituito dalla sovrapposizione di $2J + 1$ stati, ciascuno caratterizzato da un diverso valore del numero quantico magnetico m', e da una corrispondente ampiezza di probabilità. Il problema fu in realtà trattato e risolto da MAJORANA con straordinaria eleganza e concisione solo per il caso particolare $J = 1/2$; ma, come egli stesso fa notare, il metodo si presta facilmente ad una estensione al caso generale di J qualsiasi.

Da quanto detto sopra, ma ancor più da un esame approfondito di questi lavori, si resta colpiti dalla loro alta classe: essi rivelano una profonda conoscenza dei dati sperimentali anche nei più minuti dettagli, una disinvoltura non comune, soprattutto a quella epoca, nello sfruttare le proprietà di simmetria degli stati per semplificare i problemi o per la scelta della più opportuna approssimazione per risolvere quantitativamente i singoli problemi, qualità quest'ultima che senza alcun dubbio derivava, almeno in parte, dalle sue eccezionali doti di calcolatore.

L'interesse di MAJORANA per la fisica nucleare, che già si era manifestato nella sua tesi di laurea, si ravvivò fortemente con l'apparire dei classici lavori che dovevano portare alla scoperta del neutrone, all'inizio del 1932. In realtà questo suo rinnovato interesse rientrava nel suo nuovo orientamento generale di tutto l'Istituto di via Panisperna ove già da qualche anno si parlava dell'opportunità di abbandonare, sia pure gradualmente, la fisica atomica, campo in cui tutti avevano lavorato per vari anni, e di far convergere il principale sforzo di ricerca su problemi di fisica nucleare.

Il primo a pubblicare che il nucleo è costituito soltanto di protoni e neutroni è stato probabilmente IWANENKO([12]). Né io né altri degli amici interpellati ricorda se ETTORE MAJORANA fosse giunto a questa conclusione indipendentemente; quello che è certo è che, prima di Pasqua di quello stesso anno, egli aveva cercato di fare la teoria dei nuclei leggeri ammettendo che i protoni e i neutroni (o protoni neutri come lui diceva allora) ne fossero i soli costituenti e che i primi interagissero con i secondi con forze di scambio. Egli era giunto anche alla conclusione che si dovesse trattare di forze di scambio delle sole

---

([12]) D. IWANENKO, "Nature (London)", *129*, 798 (1932).

coordinatee spaziali (e non degli *spin*) se si voleva far sì che il sistema saturato rispetto all'energia di legame fosse la particella alfa e non il deutone.

Aveva parlato di questo abbozzo di teoria agli amici dell'Istituto, e Fermi, che ne aveva subito riconosciuto l'interesse, gli aveva consigliato di pubblicare al più presto i suoi risultati, anche se parziali. Ma Ettore non ne volle sapere perché giudicava il suo lavoro incompleto.

Nel fascicolo di "Zeitschrift für Physik" datato 19 luglio 1932, apparve il primo lavoro di HEISENBERG[13] sulle forze di "scambio alla HEISENBERG", ossia forze che coinvolgono lo scambio delle coordinate sia spaziali che di *spin*.

Questo lavoro suscitò molta impressione nel mondo scientifico; era il primo tentativo di una teoria del nucleo che, per quanto incompleta e imperfetta, permetteva di superare alcune delle difficoltà di principio che fino ad allora erano sembrate insormontabili.

Fermi si adoperò nuovamente perché MAJORANA pubblicasse qualche cosa, ma ogni suo sforzo e ogni sforzo di noi suoi amici e colleghi fu vano. Alla fine però Fermi riuscì a convincerlo ad andare all'estero, prima a Lipsia e poi a Copenhagen, e gli fece assegnare dal Consiglio Nazionale delle Ricerche una sovvenzione per tale viaggio che ebbe inizio alla fine di gennaio del 1933 e durò fra sei e sette mesi.

L'avversione a pubblicare o comunque a rendere noti i suoi risultati che appare da questo episodio faceva parte di un suo atteggiamento generale. Talvolta nel corso di una conversazione con qualche collega diceva quasi incidentalmente di aver fatto durante la sera precedente il calcolo o la teoria di un fenomeno non chiaro che era caduto sotto l'attenzione sua o di qualcuno di noi in quei giorni. Nella discussione che seguiva, sempre molto laconica da parte sua, ETTORE a un certo punto tirava fuori dalla tasca il pacchetto delle sigarette macedonia (era un fumatore accanito) sul quale erano scritte, in una calligrafia minuta ma ordinata, le formule principali della sua teoria o una tabella di risultati numerici. Copiava sulla lavagna parte dei risultati, quel tanto che era necessario per chiarire il problema, e poi, finita la discussione e fumata l'ultima sigaretta, accartocciava il pacchetto nella mano e lo buttava nel cestino.

Prima di partire per Lipsia, MAJORANA pubblicò un altro lavoro, il n. 7, sulla teoria relativistica di particelle con momento intrinseco arbitrario. Questo è il suo primo lavoro che riguarda le particelle elementari e non aggregati di particelle quali sono gli atomi ed i nuclei.

Nel mese di gennaio MAJORANA partì per Lipsia ove rimase fino all'inizio dell'estate; da Lipsia andò a Copenhaghen ove trascorse circa tre mesi, e di lì di nuovo a Lipsia ove si fermò per un periodo di circa un mese, prima di tornare definitivamente in Italia all'inizio dell'autunno 1933.

Lipsia in quegli anni era uno dei maggiori centri di fisica moderna; attorno a W. Heisenberg si era raccolto un gruppo di giovani di eccezione, fra i quali F. Bloch, F. Hund, R. Peieris e, fra gli ospiti, E. Feenberg, D. R. Inglis e E. G. Uhienbeck.

---

[13] W. HEISENBERG, "Z. Physik", 77, 1 (1932).

MAJORANA in quel periodo si legò ad Heisenberg per cui conservò sempre profonda ammirazione e senso di amicizia. Fu Heisenberg che lo convinse senza sforzo, con il solo peso della sua autorità, a pubblicare il suo lavoro sulla teoria del nucleo che apparve nel corso dello stesso anno sia su "Zeitschrift fur Physik" (n. 8a) che sulla "Ricerca Scientifica" (n. 8b).

Quando nell'autunno del 1933 tornò a Roma, ETTORE non stava bene in salute a causa di una gastrite i cui primi sintomi si erano manifestati in Germania. Quale fosse l'origine di questo male non è chiaro, ma i medici di famiglia lo collegarono con un principio di esaurimento nervoso.

Egli cominciò a frequentare l'Istituto di via Panisperna solo saltuariamente e con il passare dei mesi non venne più affatto: trascorreva sempre più le sue giornate in casa immerso nello studio per un numero di ore del tutto eccezionale.

Gli interessi filosofici, che sempre erano stati vivi in lui, si erano fortemente accentuati, tanto da spingerlo a meditare a fondo le opere di vari filosofi, in particolare quelle di SCHOPENHAUER.

Probabilmente risale a quell'epoca il manoscritto sul valore delle leggi statistiche nella fisica e nelle scienze sociali che, trovato fra le sue carte dal fratello Luciano, fu pubblicato dopo la sua scomparsa (n. 10) a cura di GIOVANNI GENTILE junior.

A questi interessi vecchi e nuovi se ne era aggiunto un altro, la medicina, argomento che affrontava forse anche nel desiderio di comprendere i sintomi e la portata del suo male.

Era ormai giunta l'ora per un nuovo concorso in Fisica Teorica; il primo e solo concorso per cattedre di questa materia aveva avuto luogo nel 1926 e aveva portato alla Cattedra Enrico Fermi, a Roma, ed Enrico Persico a Firenze. Il concorso fu bandito al principio del 1937 su richiesta dell'Università di Palermo, spinta a far ciò da Segré che nel frattempo era diventato professore di Fisica Sperimentale in quella Università.

C'era naturalmente il problema di far concorrere ETTORE, il quale sembrava che non ne volesse sapere e che comunque ormai da qualche anno non aveva più pubblicato lavori di fisica. Fermi e i vari amici si adoperarono in questo senso e MAJORANA infine si convinse a gran fatica a prendere parte al concorso e mandò alla stampa su "Il Nuovo Cimento" il lavoro sulla teoria simmetrica dell'elettrone e del positrone (n. 9).

Dall'esame dei singoli lavori di Majorana viene naturale porsi il difficile problema di dare, nei limiti del possibile, una valutazione di insieme della sua figura di scienziato. Non vi è alcun dubbio che egli aveva una mente matematica, soprattutto analitica, straordinaria e uno spirito critico del tutto eccezionale. Ma forse, proprio questo acutissimo spirito critico, unito alla mancanza di alcune doti di equilibrio d'insieme sul piano umano, ostacolarono le sue capacità di sintesi creativa, così da non permettergli di raggiungere una produttività scientifica confrontabile con quella esplicata, alla stessa età, dai maggiori fisici contemporanei.

Ciò non toglie che la scelta di alcuni dei problemi da lui trattati, i metodi seguiti nella loro trattazione e, più in generale, la scelta dei mezzi matematici per affrontarli, mostrano una naturale tendenza a precorrere i tempi, che in qualche caso ha quasi del profetico.

La commissione per giudicare il concorso di Fisica Teorica dell'Università di Palermo risultò così composta: Antonio Carrelli, Enrico Fermi, Orazio Lazzarino, Enrico Persico e

Giovanni Polvani. La Commissione tenne una prima seduta nel corso del mese di ottobre 1937 ma subito fu invitata dal Ministro dell'Educazione Nazionale a sospendere i lavori allo scopo di poter accogliere la sollecitazione del senatore Giovanni Gentile a procedere alla nomina (in base all'Art. 8 del R.D.L. 20 giugno 1935 n. 1071) del concorrente ETTORE MAJORANA a professore ordinario di Fisica Teorica nella R. Università di Napoli. Il suddetto articolo si riferiva a meriti speciali; esso era stato fatto qualche anno prima allo scopo di rendere possibile la nomina di Guglielmo Marconi alla cattedra di Onde Elettromagnetiche dell'Università di Roma senza concorso.

Nominato professore di Fisica Teorica a Napoli nel novembre 1937, ETTORE MAJORANA si trasferì in quella città ai primi di gennaio dell'anno successivo e si stabilì in un primo tempo in una camera dell'Albergo Patria, e poi dell'Albergo Bologna che dava sulla Via De Pretis affollata di traffico.

A Napoli si legò d'amicizia con Antonio Carrelli, professore di Fisica Sperimentale e direttore dell'Istituto di Fisica di quella Università.

In una lettera inviata alla madre in data il gennaio 1938 egli comunicava che avrebbe iniziato le lezioni due giorni dopo, giovedì 13 alle ore 9; di essere riuscito ad evitare ogni carattere ufficiale all'apertura del corso e aggiungeva: "anche per questo non vi consiglierei di venire". Più avanti nella lettera scriveva: "Ho trovato giacente da ben due mesi una lettera del Rettore in cui mi annunziava la mia nomina 'per alta fama di singolare perizia...'. Non avendolo trovato, gli ho risposto con una lettera altrettanto elevata". Per chi lo ha conosciuto di persona, questa frase ha un tono di leggera e garbata ironia verso la legge che contiene proprio quella frase, verso il Rettore e sopra tutto verso se stesso. Lo stesso tono ha il resto della lettera ove si parla dell'Istituto di Fisica di Napoli, di alcuni colleghi, per cui ha espressioni amichevoli, e dei loro assistenti.

Ma la lettera è al tempo stesso una chiara manifestazione del suo vivo affetto e forte attaccamento alla madre e ai fratelli.

Va anche detto, incidentalmente, che nonostante la sua estrema riservatezza su argomenti di questo genere e la sua palese trascuratezza nei riguardi delle pratiche religiose, tutto fa ritenere che egli avesse conservato dalla educazione giovanile uno spirito sostanzialmente religioso.

Anche a Napoli, come del resto aveva sempre fatto a Roma, conduceva una vita estremamente ritirata; al mattino, quando doveva fare lezione, andava all'Istituto e nel tardo pomeriggio faceva lunghe passeggiate nei quartieri più vivi della città.

Anche a Napoli, come a Roma negli anni precedenti, Majorana era tormentato dalla sua malattia che finiva inevitabilmente con l'avere una influenza sul suo umore e anche sul suo carattere. Questo spiega forse l'eccessivo dispiacere che egli provò, a quanto racconta Carrelli, quando, dopo qualche mese di insegnamento, si rese conto che ben pochi degli studenti erano in grado di seguire e apprezzare le sue lezioni sempre oltremodo elevate.

Il giorno 26 marzo 1938 Carrelli, con grande meraviglia, ricevette da Palermo un telegramma lampo da parte di Ettore Majorana in cui gli diceva di non preoccuparsi per quanto era scritto nella lettera che gli aveva mandato. La lettera purtroppo andò persa, ma una frase rimase impressa nella memoria di Carrelli e suonava all'incirca in questo

modo: "Non sono una ragazza ibseniana, comprendimi, il problema è molto più grosso...".
La lettera si chiudeva con un caldo saluto a Carrelli che ringraziava per l'amicizia che gli
aveva dimostrato negli ultimi mesi.

Carrelli, sconvolto da tale lettura, chiamò subito al telefono Fermi il quale a Roma
si mise in contatto con il fratello Luciano: questi si recò immediatamente a Napoli ove
iniziava una affannosa ricerca di informazioni su Ettore. Tale ricerca, condotta sia a
Palermo che a Napoli, permise di stabilire che Ettore era partito da Napoli per Palermo
con il piroscafo della Società Tirrenia nella notte dal 23 al 24 marzo e che era giunto a
Palermo ove era stato un paio di giorni e donde, il 25, aveva spedito sia la lettera che
il telegramma a Carrelli. La sera del giorno stesso aveva ripreso il piroscafo per Napoli.
Il prof. Michele Strazzeri dell'Università di Palermo lo vide quella notte a bordo e anzi
alle prime luci dell'alba, mentre il piroscafo entrava nel Golfo di Napoli, lo scorse dormire
nella sua cabina. Un marinaio testimoniò di averlo visto a poppa della nave dopo Capri
non molto prima che questa attraccasse al molo di Napoli.

Le indagini furono condotte per oltre tre mesi sia dalla Polizia che dai Carabinieri
e con l'interessamento personale di Mussolini a cui la Madre aveva scritto una lettera
accompagnata da una di Fermi in cui, fra l'altro questi diceva[13]: "... Io non esito a
dichiararvi, e non lo dico quale espressione iperbolica, che fra tutti gli studiosi italiani e
stranieri che ho avuto occasione di avvicinare, il MAJORANA è quello che per profondità
di ingegno mi ha maggiormente colpito. Capace nello stesso tempo di svolgere ardite
ipotesi e di criticare acutamente l'opera sua e degli altri, calcolatore espertissimo e
matematico profondo che mai per altro perde di vista dietro il velo delle cifre e degli
algoritmi l'essenza reale del problema fisico, ETTORE MAJORANA ha al massimo grado
quel raro complesso di attitudini che formano il tipico teorico di gran classe...".

---

[13] Questa lettera di Fermi, di cui è rimasta una copia a mano fatta da Luciano Majorana prima
che fosse spedita a Mussolini, è scritta con uno stile molto diverso da quello usuale di Fermi.
Può darsi che ciò sia dovuto in parte alle circostanze drammatiche in cui fu scritta, in parte al
fatto che Fermi scriveva a Mussolini.

Il giudizio di Fermi su Ettore Majorana fu tuttavia espresso in varie altre occasioni, in particolare in una conversazione che egli ebbe con Giuseppe Cocconi nei giorni che seguirono la
scomparsa di Ettore, e su cui Cocconi stesso mi inviò, su mia richiesta, una lettera in data
18 luglio 1965. Subito dopo la laurea, conseguita alla fine del 1937 a Milano, G. Cocconi era
venuto a Roma e nel gennaio 1938 aveva cominciato a lavorare con E. Fermi e G. Bernardini sui
prodotti di decadimento dei mesoni della radiazione cosmica.

Aveva così avuto modo di vedere Majorana una volta che era passato all'Istituto per salutare
Fermi e poi aveva assistito, nei drammatici giorni della scomparsa di Ettore, a varie telefonate
e conversazioni di Fermi.

Fu in quei giorni che Fermi disse a Cocconi qualche cosa che suonava più o meno come segue:
"Perché, vede, al mondo ci sono varie categorie di scienziati; gente di secondo e terzo rango, che
fan del loro meglio ma non vanno molto lontano. C'è anche gente di primo rango, che arriva
a scoperte di grande importanza, fondamentali per lo sviluppo della scienza. Ma poi ci sono i
geni, come Galileo e Newton. Ebbene, Ettore Majorana era uno di quelli. Majorana aveva quel
che nessun altro al mondo ha; sfortunatamente gli mancava quel che invece è comune trovare
negli altri uomini, il semplice buon senso".

La famiglia promise un premio, allora cospicuo, di 30 mila lire a chi avesse dato notizie di ETTORE e pubblicò per mesi sui maggiori quotidiani un appello ad ETTORE perché tornasse a casa: il Vaticano cercò di stabilire se si fosse rinchiuso in un convento. Ma tutti i tentativi furono vani. Nessuna traccia fu mai più trovata: solo si seppe che qualche giorno prima della partenza di ETTORE MAJORANA per Palermo, si era presentato alla Chiesa del Gesù Nuovo, situata a Napoli vicino all'Albergo Bologna, un giovane uomo molto agitato le cui caratteristiche somatiche e psichiche parvero ai parenti corrispondere a quelle di ETTORE. Inoltre, Padre De Francesco, ex provinciale dei Gesuiti, che aveva ricevuto il giovane ritenne di riconoscerlo nella fotografia di ETTORE, mostratagli dai parenti.

Il giovane chiese a Padre De Francesco di "fare un esperimento di vita religiosa" espressione che secondo i fratelli va intesa come: "fare gli esercizi spirituali". Alla risposta che egli poteva, sì, avere ospitalità, ma solo a breve termine —in quanto per una soluzione definitiva sarebbe stato necessario, per l'Ordine, entrare in Noviziato— il giovane rispose: "Grazie, scusi" e se ne andò.

L'ipotesi che trovò più credito tra gli amici, fu che egli si fosse buttato in mare: ma tutti gli esperti delle acque del Golfo di Napoli sostengono che il mare, prima o poi, ne avrebbe restituito il cadavere.

Non si è saputo più nulla: tutti sono rimasti con un senso di profonda amarezza per la perdita, chi di un parente, chi di un amico, gentile, riservato e schivo da manifestazioni esteriori, così evidentemente affettuoso anche se profondamente amaro: un senso di frustrazione per tutto quello che il suo ingegno non ha lasciato ma che avrebbe ancora potuto produrre se non fosse intervenuta la sua assurda scomparsa; e soprattutto un senso di profondo e ammirato stupore per la sua figura di uomo e di pensatore che era passata tra noi così rapidamente, come un personaggio di Pirandello carico di problemi che portava con sé, tutto solo; un uomo che aveva saputo trovare in modo mirabile una risposta ad alcuni quesiti della natura, ma che aveva cercato invano una giustificazione alla vita, alla sua vita, anche se questa era per lui di gran lunga più ricca di promesse di quanto essa non sia per la stragrande maggioranza degli uomini.

EDOARDO AMALDI
Roma, 1966

Ettore Majorana in the 1920's at the "Liceo".

Viareggio pinewood, summer 1926. Ettore Majorana (third from the right), his mother and sisters (Rosina and Maria), his friend G. Piqué and his grandmother.

Karlsbad, autumn 1931. Ettore Majorana (second from the right) with his family.

In Venice with his family in summer 1930.

Marino, winter 1934. Ettore Majorana (second from the right) with some friends.

Brief Biography(*)

Ettore Majorana was born in Catania on 5 August, 1906, of a well-known professional family of that town. His father, an engineer, Fabio Massimo (b. in Catania 1875 - d. in Rome 1934), was the younger brother of Quirino Majorana (1871-1957), a well-known professor of experimental physics at the University of Bologna[1]. Fabio Massimo was for many years Director of the Telephone Service of Catania; moving to Rome in 1928, he was appointed Head of Division and a few years later Inspector-General of the Ministry of Communications. He married Miss Dorina Corso (b. in Catania 1876 - d. in Rome 1965), also of a Catanian family, and they had five children; Rosina, who later married Werner Schultze; Salvatore, a Doctor of Law interested in philosophical studies; Luciano, a civil engineer who specialized in aircraft construction but later devoted himself to the design and construction of instruments for optical astronomy, Ettore and the fifth and last, Maria, a musician and piano teacher.

Members of his family and their friends say that Ettore had already begun to show signs of a gift for arithmetic and numerical calculation when he was four years old; this revealed itself in his favourite game of multiplying in his head in a few seconds two three-figure numbers given to him by members of his family or their friends. When one of them asked him to do a sum, little Ettore slipped under a table as if he wanted to isolate himself, and gave the answer from there a few seconds later.

By the time he was seven he had become such a well-known chess player that this was mentioned in the local newspaper. After having completed his first years of schooling at home, he went as a boarder to the Istituto Massimo in Rome[2], where he completed

---

(*) Partially reproduced from E. Amaldi, "Ettore Majorana: Man and Scientist", in *Strong and Weak Interactions. Present Problems*, edited by A. Zichichi, Academic Press, New York (1966). In order not to alter the original text, references to time (related to the sixties) have been kept unchanged. (Note of the Editor.)

(1) E. PERUCCA, *Commemorazione del Socio Quirino Majorana*, "Rend. Accad. Lincei", **25**, 2° semestre, p. 354. For a list of publications and some biographical data see also the "Annuario Generale dell'Accademia Nazionale dei XL", Rome, 31 (1953).

(2) "Istituto Parificato Massimiliano Massimo" directed by Jesuit fathers.

his elementary education and then went through secondary school in four years, jumping the fifth. When his family moved to Rome in 1921, he continued as a day boy at the Istituto Massimo during the first and second years of the "liceo", and for the third year went to the Liceo Statale Torquato Tasso, where in the summer term of 1923 he passed his "maturità classica" with high marks([3]).

In the autumn of the same year Ettore entered the "Biennio di Studi di Ingegneria"(*) at the University of Rome and began to follow the lectures and training courses regularly, passing the examinations with very high marks.

Among his fellow students was his brother Luciano, with whom he also spent a great deal of the time he devoted to leisure and to seeing their mutual friends: other fellow students were Emilio Segré, now Professor of Physics at the University of Berkeley in California, and Enrico Volterra, now Professor of Civil Engineering at the University of Houston, Texas.

After having completed the "Biennio di Studi di Ingeneria", this group of students, all very brilliant, went to the "Scuola di Applicazione per gli Ingegneri"(**) in Rome.

Ettore went on to obtain high marks in all subjects except hydraulics, in which he failed.

At both the "Biennio" and the "Scuola di Ingegneria" he acted as consultant to all his companions for the solution of the most difficult problems, particularly in mathematics.

While he was at the Scuola di Ingegneria, Majorana, together with some of his fellow students, grew very critical of the way in which some of the subjects were taught; he felt that too much time was spent on unnecessary detail and not enough on the general synthesis needed for serious and systematic scientific study. This deep-rooted conviction of his frequently gave rise to lively, and sometimes heated, discussions with some of the professors.

At the beginning of the second year of the "Scuola di Ingegneria" (the fourth University year) Emilio Segré decided to follow an earlier inclination of his and switch to physics. He had reached this decision during the summer of 1927 when he had made the acquaintance of Franco Rasetti, then a lecturer at the Physics Institute of the University of Florence. Through Rasetti, Segré had also made the acquaintance of Enrico Fermi, who was then 27 and had recently (November, 1926) been appointed extraordinary Professor of Theoretical Physics at the University of Rome([4]).

([3]) The "Diploma di Maturità Classica" certificate (equivalent to general certificate of education) released on 11 May 1964 by the Liceo Ginnasio Statale Torquato Tasso shows the following marks (full mark: 10): Italian: written 7, oral 8; Latin: written 7, oral 8; Greek: written 7, oral 7; History and Geography: 8; Philosophy: 7; Mathematics: 9; Physics: 9; Natural History: 7; Gymnastics; 8.
(*) Initial two-year science and engineering course.
(**) School of engineering (final three year course).
([4]) Further details are given in the biographical note on Enrico Fermi by Emilio Segré appearing in Vol. 1 of *Enrico Fermi, Note e Memorie (Collected papers)* Accademia Nazionale dei Lincei and the University of Chicago Press, Rome (1962).

The creation of this new chair was due to the efforts of O. M. Corbino, Professor of Experimental Physics and Director of the Physics Institute of the University of Rome, who, realizing Enrico Fermi's exceptional qualities, had taken a series of steps to set up a modern school of physics in Rome.

During the autumn and early winter of 1927 Emilio Segré often talked about Ettore Majorana's exceptional qualities in the new circle of physicists which had in a few months grown up around Fermi, and at the same time he tried to persuade Ettore to follow his example, pointing out that the study of physics would be much more in line with his scientific aspirations and speculative gifts than that of engineering. Ettore Majorana took up physics at the beginning of 1928 after a talk with Fermi. A brief account of this talk will give a glimpse of Majorana's character.

He came to the Physics Institute in the Via Panisperna and was taken by Segré to Fermi's office, where Rasetti was also present.

This was the first time I saw him. From a distance he looked slender with a timid, almost hesitant, hearing; close to, one noticed his very black hair, dark skin, slightly hollow cheeks and extremely lively and sparkling eyes. Altogether he looked like a Saracen.

The discussion with Majorana soon turned to the research taking place at the Institute, and Fermi gave a broad outline of the model and showed Majorana reprints of his recent works on the subject, in particular the table showing the numerical values of the so-called Fermi universal potential.

Majorana listened with interest and, after having asked for some explanations, left without giving any indication of his thoughts or intentions. The next day, towards the end of the morning, he again came into Fermi's office and asked him without more ado to show him the table which he had seen for a few moments the day before. Holding this table in his hand, he took from his pocket a piece of paper on which he had worked out a similar table at home in the last twenty-four hours, transforming, as far as Segré remembers, the second-order Thomas-Fermi non-linear differential equation into a Riccati equation, which he had then integrated numerically. He compared the two tables and, having noted that they agreed, said that Fermi's table was correct: he then went out of the office and left the Institute. A few days later he switched over to physics and began to attend the Institute regularly.

Soon after taking up physics, Ettore Majorana impressed everyone with his lively mind, his insight and the range of his interests, which made him appear greatly superior to all his new companions. Being exceptionally penetrating and inexorable in his criticisms, he was nicknamed "the Great Inquisitor". In the same vein we called Fermi "the Pope", Rasetti "the Cardinal-Vicar" and so on[4][5].

His capacity for calculation was amazing. He not only did very complicated numerical calculations completely in his head but also in 20 or 30 seconds calculated definite integrals which were sufficiently complicated to require a considerable number of steps

---

[5] L. FERMI. *Atoms in the Family*, the University of Chicago Press (1954); see also the Italian translation *Atomi in famiglia*, Mondadori (1954).

on the part of a clever mathematician: he also substituted algebraic or numerical limits and gave the final results directly.

In May and June 1928 while preparing for and sitting the university examinations, we had got into the habit of meeting before supper, between seven and eight in the evening, at the Casina delle Rose in the Villa Borghese. Besides Ettore Majorana, Giovanni Gentile junior, Emilio Segré and myself for the Physics Institute, there were Luciano Majorana, Giovanni Enriques, Giovanni Ferro-Luzzi and Gastone Piqué, all engineering students in the same year as Ettore. Sipping a drink or eating an ice-cream, we talked over the preparation of the examinations or the last examination we had sat, or one of the physicists in the group talked about some atomic physics results which he had recently heard about, more often than not from Fermi, or one of the engineering students discussed the properties of the electromagnetic field or one of its applications, or ran down the hydraulics professor, who was their *bête noire*. We also talked about literature. Ettore knew and appreciated the classics in general and preferred Shakespeare and Pirandello. We also talked of various cultural matters, a strong point with Ettore, and a bit about politics, but mostly about the Nobile expedition to the North Pole that had just taken place (March-May, 1928) and had given rise to the well-known sequence of events([6]).

Ettore's fellow engineering students often pulled his leg about his weakness in drawing: they described the scene when Ettore, during the projective geometry course, took a large sheet of paper and after some hours' work had traced on it his construction, which was quite in order from the point of view of principle, but extremely small and placed on the skew in a corner while the rest of the sheet remained untouched. Ettore listened to the accounts of this by his friends with a slightly amused air as though it had nothing to do with him, and at the end made some subtle and witty comment on the whole story and the account which had been given of it.

Ettore Majorana, Gabriello Giannini, who afterwards had a successful career as an electronic designer and manufacturer in the United States, and I, received our doctorate on the same day, 6 July, 1929. Ettore presented a thesis entitled "Sulla meccanica dei nuclei radioattivi" for which Fermi acted as sponsor, and he obtained 110/110 with distinction([7]). Even some 40 years later it is striking to read his thesis for the clear way

---

([6]) In the second expedition to the North Pole with an airship, organized and led by U. Nobile (in the first, which had taken place in 1926 under the leadership of R. Amundsen, Nobile had piloted the airship), while returning from the second flight over the Pole, the airship "Italia" crashed on to the ice, leaving some castaways. As a result, 8 members of the expedition died, in addition to 6 people who tried to go to the aid of the stranded men; among these was R. Amundsen.

([7]) The certificate of his Doctorate in Physics released on 15 May, 1964, by the University of Rome, shows the following marks: Algebra: 30; Analytical and Projective Geometry; 30, distinction; Applied Chemistry: 27; Dynamics: 30, distinction; Engineering Drawing: 18, (minimum for a pass); Probability Calculus: 27; Descriptive Geometry: 30; Physics: 30; Advanced Physics: 30, distinction; Geophysics: 30, distinction; Physics Laboratory: 30; Mathematical Physics; 30, distinction.

in which the problems relating to the structure of the nucleus and the theory of its alpha decay are set out and investigated.

After receiving his doctorate, Ettore continued to attend the Institute, where he more or less regularly spent two hours every morning, from 10.30 or 11 a.m. to 12.30 or 1 p.m., and a few hours in the aftenoon from 5 to 7.30 p.m.

He spent his time in the library, where he mainly studied the works of Dirac, Heisenberg, Pauli, Weyl and Wigner.

The last two authors were perhaps the only ones for whom he expressed unqualified admiration. This was due, at least to a large extent, to his particularly lively, almost prophetic, interest in group theory and its application to physics. On many occasions during this period Majorana expressed the intention of writing a book on this subject; Segré even believes that he heard him say that he had already written one chapter of it.

The judgments he passed on living scientists, even of the first rank, were nearly always exceedingly severe, so much so that one would be tempted to suspect him of quite exceptional conceit, were it not for the fact that he was highly critical of his own performance and voiced very harsh opinions about his own work; while his criticisms were toned down and even vanished completely in the case of his friends. Those who were close to him thus finally came to understand that this great severity was nothing more than a sign of his unsatisfied and tormented spirit. His apparent isolation from his fellows, not only in everyday life but also in his emotions, concealed a great sensitivity which led him to form very few friendships: when he did, however, his friendship had the depth which is characteristic of his native land.

He struck up a close friendship with me and an even closer one with Giovanni Gentile junior (1906-1942)[8]. The latter had obtained his doctorate in physics at Pisa in November, 1927, and soon after had been appointed lecturer at the Physics Institute of the University of Rome, where he spent about six months of the academic year 1927-1928. It was during this time that he met and became friendly with Ettore, in collaboration with whom he later wrote his paper on the splitting of Roentgen terms (No. 1) [Corresponding to No. 1a in this volume].

Fostered by an interest in similar subjects in their early research work, the friendship between Ettore Majorana and Giovanni Gentile junior was also based on their common Sicilian origin and consequently on closely comparable family backgrounds.

On 12 November, 1932, he obtained his university teaching diploma in theoretical physics[*]: he presented only five papers, but the board, composed of Enrico Fermi, Antonino Lo Surdo and Enrico Persico, was unanimous in recognizing that the candidate had "a complete mastery of theoretical physics"[9].

---

[8] G. POLVANI, *Giovanni Gentile junior*, "Reale Istituto Lombardo di scienze e lettere", **75**, fasc. 11 (1941-42); C. SALVETTI, *Giovanni Gentile junior*, "Rendiconti del Seminario Matematico e Fisico di Milano, **16** (1942).

[*] He thus became "libero docente", equivalent to the English "university teaching qualification".

[9] The report of the Board of Examiners for the university teaching diploma in theoretical

From the point of view of scientific production these years represent the first of the two phases of Ettore Majorana's regrettably short life as a researcher.

This first phase includes his papers Nos. 1 to 6, which all deal with problems of atomic and molecular physics: the second phase, represented by papers Nos. 7, 8 and 9, on the other hand, concerns nuclear physics problems or the properties of elementary particles.

The papers belonging to the first phase can be subdivided into three groups. The first consists of Nos. 1, 3 and 5 and concerns atomic spectroscopy: the second includes Nos. 2 and 4, which deal with questions relating to the chemical bond. Finally, the third group consists of No. 6 only, on the problem of non-adiabatic spin-flip in a beam of polarized atoms.

Paper No. 1, written in collaboration with Giovanni Gentile junior, concerns the splitting, induced by the electron spin, of the $3M$ Roentgen terms of gadolinium ($Z = 64$) and uranium ($Z = 92$) and of the P optical terms of caesium ($Z = 55$), and the calculation of the intensity of the lines of caesium. They based their calculations on perturbation theory and used the eigenfunctions of the electrons in the states considered, which were obtained by the Thomas-Fermi method.

Paper No. 3 deals with the two lines which had recently been discovered in the helium spectrum and which could not be interpreted as a combination of known terms. P. G. Kruger, who had made this discovery, had proposed an interpretation whereby these two lines were due to transition from a normal state to two new "primed" states, namely states with two excited electrons which, being situated above the ionization energy of the helium atom, could produce transitions to states of the continuous spectrum, namely to spontaneous ionization processes. By means of an analysis based on the symmetry properties of the unperturbed eigenfunctions of the 16 states, which are obtained by combining two orbitals having a total quantum number of 2, and of perturbation calculations taken to second order terms, Ettore Majorana succeeded in confirming the interpretation originally proposed for one of the two lines, and in ruling out the possibility of the other being due to the helium atom. In this paper it is very interesting to note the discussion of the symmetry properties of the various states with respect to electron-spin exchange (singlet and triplet states), spatial rotations (azimuthal or orbital angular momentum quantum number), axial rotations (magnetic quantum) and reflections with respect to the centre of force (parity).

Paper No. 5, the third and last of the papers on atomic spectroscopy, deals with the so-called incomplete P' triplet of calcium. As was the case for paper No. 3, the primed terms are terms with two excited electrons: now, in the calcium spectrum at that time five groups of spectral lines had been observed, each consisting of six lines, due to the combination of normal terms and terms which could be arranged in series whose limit corresponds to calcium ionized once but with the external electron in the $3d$ excited state instead of the $1s$ state, as is the case of normal series. Some of these terms corresponding

---

physics is published in the: "Bollettino del Ministero dell'Educazione Nazionale", Anno 60°, Vol. II, N. 27, 6 July 1933, Part II, Atti di Amministrazione, p. 2341.

to configurations with two excited electrons are situated above the ionization potential and in spite of this are stable in that they do not give rise to appreciable spontaneous ionization. This stability, as Majorana pointed out, is due to the fact that in a non-relativistic approximation the terms concerned have symmetry characteristics which are such that transition to the continuous spectrum is strictly forbidden. However, the presence of the intrinsic magnetic moment of the electrons leads to slight instability, which can become appreciable only in exceptional circumstances. This is the case, as Majorana showed, for the $J-2$ component of the anomalous triplets of zinc, cadmium and mercury, while for calcium experience shows that this component is absent or at least very weak.

Turning from the papers on atomic spectroscopy to those on the chemical bond, it should be noted that it was through his close study of these problems that Majorana mastered Heitler and London's([10]) quantum-mechanical theory of the chemical bond, which was to be of great importance for his future research work. His thorough knowledge of the exchange mechanism of valence electrons, which forms the basis of the quantum-mechanical theory, of the homopolar chemical bond, was later to serve as the point of departure for the assumption that nuclear forces are exchange forces.

Paper No. 2 on the formation of the molecular ion of helium was prompted by spectroscopic observations, which had then recently been made and which had brought to light bands attributed to the molecular ion He_2^+. By means of a first-approximation calculation, Majorana then found the equilibrium distance of the two nuclei in the He_2^+ ion, and obtained values for their oscillation frequency which agree very well with those found experimentally.

In paper No. 4, Majorana makes a detailed study of the characteristics of a rather deep and anomalous even singlet term (called X term), which had recently been observed in the spectrum of the hydrogen molecule and which had been interpreted as a primed term.

The last paper in the period of work on molecular and atomic physics problems is No. 6. This deals with the problem of deriving the probability of spin-flip of the atoms of a polarized vapour beam moving in a rapidly varying magnetic field.

If the magnetic field slowly changes direction, the orientation of the atom follows adiabatically the direction of the field; but what happens if the variation in the direction of the field is not adiabatic? In particular, what happens if the atom passes near to a point where the magnetic field is zero?

This problem was discussed in the early days of quantum mechanics by Darwin and by Landé([11]); Stern, who a few years earlier with Gerlach had done the famous experiments on spatial quantization, undertook to make a quantitative check of the theoretical predictions of the transition probability in the non-adiabatic case. The problem can be described as follows: one has a quantized system (such as, for instance, an atom or a

---

([10]) W. HEITLER and F. LONDON, "Z. Physik", **44**, 455 (1927); F. LONDON, "Z. Physik", **46**, 455 (1927); **50**, 24 (1928); W. HEITLER, "Z. Physik", **46**, 47 (1927); **47**, 835 (1925); "Z. Physik", **31**, 185 (1930).
([11]) C. G. DARWIN, "Proc. Roy. Soc. (London)", A **117**, 258 (1928); A. LANDÉ, "Naturwiss.", **17**, 634 (1929).

molecule) with a total angular momentum J and a magnetic quantum number m with respect to the direction of a magnetic field which is constant in time; the problem is to find out the final state or states of the system if the field begins to vary rapidly with time in value and direction, according to a certain vector function $\vec{H}(t)$.

In his paper Majorana shows that the total effect of a variable magnetic field $\vec{H}(t)$ on a particle with an angular momentum $J = 1/2$ and a given component m along the z axis, can be described as a sudden rotation by an angle α of the total angular momentum.

After the rotation of the angle α, the system is no longer in a state of well-defined spatial quantization, with respect to the original direction of the field, but should be described by means of a wave packet consisting of the superposition of $2J + 1$ states, each characterized by a different value of the magnetic quantum number m' and a corresponding probability amplitude. The problem was, in fact, tackled and solved by Majorana with extraordinary elegance and conciseness for the special case when $J = 1/2$; but, as he points out, the method can easily be extended to the general case of any J.

The above gives some idea of the high quality of these papers, but their class is even more evident after their careful study; they show a thorough knowledge of experimental data down to the smallest details and an ease which was quite unusual, particularly at that time, in using the symmetry properties of the states to simplify problems or choose the most suitable approximation for solving each problem quantitatively, this latter capacity being, no doubt, at least partly due to his exceptional gifts for calculation.

Majorana's interest in nuclear physics, which had already been evident in his thesis, was greatly strengthend by the appearance of the classical papers which were to lead to the discovery of the neutron at the beginning of 1932. His renewed interest was actually in tune with the new general orientation of the whole Institute in the Via Panisperna, where for some years there had been talk of the advisability of gradually abandoning atomic physics, the field in which everyone had worked for some years, and concentrating the main research effort on nuclear physics.

The first to publish the idea that the nucleus consiste solely of protons and neutrons was probably Iwanenko[12]. Neither I nor his other friends questioned remember whether Ettore Majorana came to this conclusion independently. What is certain is that before Easter of that year he tried to work out a theory on light nuclei, assuming that they consisted solely of protons and neutrons (or neutral protons as he then said) and that the former interacted with the latter through exchange forces. He also reached the conclusion that these exchange forces must act only on the space coordinates (and not on the spin) if one wanted the a particle, and not the deuteron, to be the system saturated with respect to binding energy.

He talked about this outline of a theory to his friends at the Institute, and Fermi, who had at once realized its interest, advised him to publish his results as soon as possible, even though they were partial. However, Ettore would not hear of this, because he considered his work to be incomplete.

---

[12] D. IWANENKO, "Nature (London)", **129**, 798 (1932).

The issue ot the "Zeitschrift für Physik" dated 19 July, 1932 contained Heisenberg's first paper[13] on "Heisenberg exchange forces", namely forces involving the exchange of both the space and spin coordinates.

This paper made a great impression in the scientific world; it was the first attempt to put forward a theory of the nucleus which, although incomplete and imperfect, succeeded in overcoming some of the theoretical difficulties which had so far seemed insurmountable.

Fermi again tried to persuade Majorana to publish something, but all his efforts and those of his friends and colleagues were in vain. Finally, however, Fermi succeeded in persuading him to go abroad, first to Leipzig and then to Copenhagen, and obtained a grant from the National Research Council for his journey, which began at the end of January, 1933 and lasted six or seven months.

His aversion to publishing or making known his results in any way, which is evident from this episode, was part of his general attitude. Sometimes in the course of conversation with a colleague he would say, almost casually, that he had the previous evening made calculations or worked out the theory of a phenomenon which was not clear, and which had come to his or one of his friends' notice in the last few days. During the subsequent discussion, in which he was always very laconic, at a certain point Ettore would draw from his pocket the cigarette packet on which he had written in small but neat writing the main equations of his theory, or a table of numerical results. He copied on the blackboard the part of the results which was necessary for elucidating the problem and then, when the discussion was over and the last cigarette smoked, screwed up the packet and threw it into the waste paper basket.

Before leaving for Leipzig, Majorana published another paper, No. 7, on the "Relativistic Theory of Particles with Arbitrary Intrinsic Angular Momentum". This is his first paper dealing with elementary particles and not groups of particles like atoms and nuclei.

In January Majorana left for Leipzig, where he remained until the beginning of the summer: from Leipzig he went to Copenhagen, where he spent about three months, and from there back to Leipzig, where he stayed for about a month before finally returning to Italy at the beginning of the autumn in 1933.

In those days Leipzig was one of the major centres of modern physics; W. Heisenberg had gathered round him a group of exceptional young physicists including F. Bloch, F. Hund, R. Peierls and, among the visitors, E. Feenberg, D. R. Inglis and E. G. Uhlenbeck.

During this period Majorana became friendly with Heisenberg, for whom he always had a great admiration and a feeling of friendship. It was Heisenberg who persuaded him without difficulty by the sheer weight of his authority to publish his paper on nuclear theory, which appeared in the same year, both in the "Zeitschrift für Physik" (No. 8a) and in "La Ricerca Scientifica" (No. 8b).

When he returned to Rome in the autumn of 1933, Ettore was not in good health, because of gastritis which he had developed in Germany. It is not clear what caused this, but the family doctors attributed it to nervous exhaustion.

---

[13] W. HEISENBERG, "Z. Physik", **77**, 1 (1932).

He began to attend the Institute in the Via Panisperna only at intervals, and after some months no longer came at all: he tended more and more to spend his days at home immersed in study for a quite extraordinary number of hours.

His interest in philosophy, which had always been great, increased and prompted him to reflect deeply on the works of various philosophers, particularly Schopenhauer.

It was probably at this time that he wrote the paper on the value of statistical laws in physics and the social sciences which was found among his papers by his brother Luciano, and was published after his disappearance (No. 10) by Giovanni Gentile junior.

In addition to these old and new interests he found a new one in medicine, a subject which he perhaps tackled in order to understand the symptoms and significance of his illness.

The time had come for a new competition for a chair in theoretical physics. The first and only competition for chairs in this subject had been held in 1926, and had resulted in Enrico Fermi being appointed to the chair in Rome, and Enrico Persico to the one in Florence. The competition was advertised at the beginning of 1937 at the request of the University of Palermo, followed upon a request from Segré, who in the meantime had become Professor of Experimental Physics there.

The problem naturally was to make Ettore enter the competition, since he did not seem to want to do so, and in any event had not published any physics papers for some years. Fermi and various friends tried to persuade him, and finally Majorana was convinced that he should take part in the examination, and he sent his paper on the Symmetrical theory of electrons and positrons (No. 9) for publication in "Il Nuovo Cimento".

From the analysis of the various Majorana papers, there naturally arises the difficult problem of trying to evaluate his general stature as a scientist, in so far as this is possible. There is no doubt that he had an extraordinary gift for mathematics, an exceptionally keen analytical mind, and a most acute critical sense. Perhaps it was this highly developed critical sense, together with a certain lack of balance on the human side, that interfered with his capacity for creative synthesis and prevented him from reaching a level of scientific productivity comparable with that reached at the same age by the major contemporary physicists. This does not alter the fact that the choice of some of the problems which he tackled and the methods which he used and, more generally speaking, the choice of the mathematical means of dealing with them, showed a natural tendency to be ahead of his time which, in some cases, was almost prophetic.

The Board of Examiners for the competition for the Chair in theoretical physics at the University of Palermo was made up as follows: Antonio Carrelli, Enrico Fermi, Orazio Lazzarino, Enrico Persico and Giovanni Polvani. The board first met in October, 1937, but it was soon invited by the Ministry of National Education to suspend its work for the purpose of granting a request by Senator Giovanni Gentile to appoint (according to the terms of Article 8 of the R.D.L., 20 June, 1935, n. 1071) the candidate Ettore Majorana as ordinary Professor of Theoretical Physics in the Royal University of Naples. The above article referred to special merit; it had been introduced a few years earlier for the purpose of allowing Guglielmo Marconi to be appointed Professor of Electromagnetic Wave Theory at the University of Rome without competing for the Chair.

Having been appointed Professor of Theoretical Physics at Naples in November, 1937, Ettore Majorana moved to that city at the beginning of January the following year, and lodged at first at the Albergo Patria and then at the Albergo Bologna which overlooked the Via de Pretis, a very busy street.

In Naples he struck up a friendship with Antonio Carrelli, Professor of Experimental Physics and Director of the Physics Institute of that University.

In a letter to his mother dated 11 January, 1938, he told her that he was to begin his lecturers two days later, on Thursday 13 at 9 a.m., and that he had succeeded in making the opening of the course completely informal; he added "This is another reason why I don't advise you to come." Later in the letter he wrote "I found a letter from the Rector which had been waiting for me for two months, in which he informed me of my appointment on account of my well-known and exceptional talent, and since I could not get in touch with him I wrote him a letter in an equally stilted style." For anyone who knew him personally, this phrase was full of light and graceful irony directed at the law containing that phrase, at the Rector, but above all at himself. The rest of the letter is in the same vein, when he talks about the Physics Institute in Naples, some colleagues whom he mentions in a friendly way, and their assistants.

At the same time, this letter shows clearly his warm affection for and strong attachment to his mother and brothers.

It should also be said, incidentally, that in spite of his plain neglect of religious observance and his extreme reserve on subjects of this kind, everything points to the fact that his early education had left him with an essentially religious turn of mind.

In Naples, as in Rome, he led an extremely sheltered life; in the morning when he had a lecture to give he went to the Institute, and in the late afternoon he went for long walks in the busiest parts of the city.

In Naples, as in Rome in earlier years, Majorana was tormented by his illness, which finally inevitably had an effect on his temper and even on his character. This perhaps explains the excessive disappointment which he felt, according to Carrelli, when, after a few months' teaching, he realized that very few of the students were capable of following and appreciating his lectures, which were always on a very high level.

On 26 March, 1938, Carrelli was most astonished to receive from Ettore Majorana a telegram from Palermo, in which he told him not to worry about what he had said in the letter he had sent. The letter was unfortunately lost, but one sentence which remained fixed in Carrelli's mind, ran more or less as follows: "I am not a young girl from one of Ibsens plays, you understand, the problem is much greater than that." The letter ended with warm greetings to Carrelli and thanks for the friendship which he had shown him in the last few months.

Carrelli, upset by this letter, at once rang up Fermi, who got in touch with Ettore's brother Luciano in Rome: the latter immediately went to Naples, where he began feverishly to search for information about Ettore. The enquiries made in Palermo and Naples revealed that Ettore had left Naples for Palermo on the steamer of the Società Tirrenia in the night of 23 March, and had arrived in Palermo where he had spent a couple of days and from where, on the 25th, he had sent both the letter and the telegram to Carrelli. On the evening of the same day, he had boarded the steamer for Naples. Professor Michele Strazzeri of the University of Palermo saw him that night on board and in fact just as dawn was breaking, and the steamer was entering the Bay of Naples, he saw him sleeping in his cabin. A sailor said that he had seen him a stern after passing Capri and not long before the ship berthed in Naples.

The enquiry was continued for a further three months by both the police and the carabinieri, and Mussolini took a personal interest in it; Ettore's mother had written to him enclosing a letter from Fermi, in which, among other things, he said([13]): "I have no hesitation in saying, and it is no way an exaggeration, that of all the Italian and foreign scholars whom I have had the opportunity of knowing, Majorana is the one whose depth most impressed me. Capable of developing boldly hypotheses and, at the same time of criticising his own work and that of others, highly skilled in calculation and a mathematician of great depth, who never lost sight of the true nature of the physics problems behind the veil of figures and mathematical techniques, Ettore Majorana was highly endowed with that rare combination of gifts which go to make a typical theoretician of the first rank."

The family offered a reward of 30,000 lire, a considerable sum at the time, to anybody who could give news of Ettore and for months published in the leading newspapers an appeal to Ettore to return home: the Vatican tried to find out whether he had entered a monastery. However, all these attempts were fruitless. No trace was ever found: it was only discovered that a few days before Ettore Majorana left for Palermo, a young man who appeared very upset and whose somatic and mental characteristics seemed to his family to correspond to those of Ettore, went to the "Chiesa del Gesù Nuovo" in Naples near the Albergo Bologna. Moreover, Father de Francesco, ex-Father Provincial

---

([13]) This letter from Fermi, of which there remains a hand-written copy made by Luciano Majorana before it was sent to Mussolini, is written in a very different style from Fermi's usual one. This may possibly be partly due to the dramatic circumstances in which it was written and partly to the fact that he was writing to Mussolini.

Fermi's opinion of Ettore Majorana, was, however, expressed on various other occasions and particularly in a conversation which he had with Giuseppe Cocconi during the days following Ettore's disappearance and about which Cocconi himself at my request sent me a letter dated 18 July, 1965. Soon after taking his doctorate at the end of 1937 in Milan, G. Cocconi had come to Rome and in January 1938 had begun to work with E. Fermi and G. Bernardini on the products of meson decay in cosmic radiation.

He thus had the opportunity of seeing Majorana once when he had come to the Institute to see Fermi, and then he had been present, in the dramatic days after Ettore's disappearance, during some of Fermi's various telephone calls and conversations.

It was at this time that Fermi said something to Cocconi which ran more or less as follows: "Because, you see, there are various kinds of scientists in the world; the second and third-rate ones who do their best but do not get very far. There are also first-rate men who make very important discoveries which are of capital importance for the development of science. Then there are the geniuses like Galileo and Newton. Well, Ettore Majorana was one of these. Majorana had greater gifts than anyone else in the world; unfortunately he lacked one quality which other men generally have: plain common sense".

of the Jesuits, who received the young man, thought that he recognized him from the photograph of Ettore shown to him by the family.

The young man asked Father de Francesco if he could "try the religious life", an expression which according to the brothers should be understood as "go into retreat". On receiving the reply that they would willingly offer him hospitality, but only for a short time —since, if it was to be a final decision it would be necessary, according to the rules of the Order, to enter the Novitiate— the young man replied; "Thank you. Excuse me", and left.

The most likely assumption for his friends was that he had thrown himself into the sea: but all the experts on the waters of the Bay of Naples maintain that the sea would sooner or later have washed up his body.

Nothing further was discovered: all his friends and relatives felt a sense of deep sorrow at the loss of this man who was gentle, reserved and averse to outward show, so deeply affectionate although profoundly unhappy; a sense of frustration for all that his mind had not produced but would certainly have produced if it had not been for his absurd disappearance; and above all a sense of deep admiration and astonishment at this man and thinker who passed among us so rapidly, like a character from Pirandello, laden with problems which he bore alone; a man who succeeded admirably in finding the answer to some of nature's problems, but who sought in vain for the meaning of life, his own life, even though it was infinitely richer in promise than that of the great majority of other men.

EDOARDO AMALDI
Rome, 1966

NOTA SCIENTIFICA n. 1a — SCIENTIFIC PAPER no. 1a

Sullo sdoppiamento dei termini Roentgen e ottici a causa dell'elettrone rotante e sulle intensità delle righe del cesio(*)

NOTA DI G. GENTILE e E. MAJORANA

"Rendiconti dell'Accademia dei Lincei", vol. 8, 1928, pp. 229-233.

1. Vogliamo mostrare in questa Nota che il potenziale di FERMI non solo permette una buona determinazione *a priori* di tutti i livelli energetici degli atomi pesanti; ma permette anche di calcolare con grande esattezza, dato il carattere statistico di questa teoria dell'atomo, lo sdoppiamento dei termini; cosa tanto più importante quando si pensi che a questi sdoppiamenti non erano applicabili le formule relativistiche di SOMMERFELD, uscendo questo fenomeno fuori dagli schemi della teoria della struttura fine. Infatti si sa che bisogna ricorrere all'ipotesi dell'elettrone rotante, ipotesi che del resto ha perso ogni carattere ipotetico e appare oggi come fondata su solide basi teoriche, dopo l'ultimo lavoro di DIRAC[1]. I nostri calcoli si riferiscono per i livelli Roentgen al termine 3M del gadolino ($Z = 64$) e dell'uranio ($Z = 92$) e per i termini ottici ai termini P del cesio ($Z = 55$).

Il potenziale elettrostatico nell'interno d'un atomo di numero Z si può porre sotto la forma: $V = \frac{Ze}{r}\varphi(\frac{r}{\mu})$ dove φ è una funzione numerica in genere minor d'uno, che tien conto dell'azione di schermo delle altre cariche elettroniche. Precisamente in prossimità del nucleo ove questa azione è minima $\varphi = 1$, inoltre per r crescente φ diminuisce finché, per $r = \infty$ e per atomi neutri, $\varphi = 0$.

Evidentemente i valori di φ dipendono dalla distribuzione media locale degli elettroni intorno al nucleo. Di questa nuvola di elettroni si sa inoltre questo: che obbedisce al principio di PAULI. Quindi la statistica di FERMI applicata a questo speciale gas

---

(*) Pervenuta all'Accademia il 24 Luglio 1928; presentata dal socio O. M. Corbino
(1) DIRAC, "Proc. Roy. Soc. (London)", A *117*, 610; *118*, 351 (1928).

degenere fornisce un'ulteriore relazione fra potenziale e densità elettrica. Scrivendo allora l'equazione di POISSON, FERMI([2]) arriva all'equazione differenziale:

$$\frac{d^2\varphi}{dx^2} = \frac{\varphi^{3/2}}{\sqrt{x}} \quad \text{in cui:} \quad x = \frac{r}{\mu}\,; \qquad \mu = \frac{3^{2/3}h^2}{2^{13/3}\pi^{4/3}me^2Z^{1/3}}\,.$$

Se si fissa l'attenzione su di un determinato elettrone si può in prima approssimazione ritenere([3]) che gli altri $Z-1$ siano distribuiti come in un atomo neutro di numero $Z-1$ e quindi scrivere il potenziale a cui esso è soggetto: $V = \frac{e}{r}[1+(Z-1)\varphi(\frac{r}{\mu})]$; naturalmente così si trascurano, nel caso di un elettrone interno, sopra tutto le conseguenze del principio di PAULI, che non è un principio statistico ma un rigoroso principio di esclusione, e nel caso di un elettrone esterno la polarizzazione che nasce nel resto atomico. Tuttavia nel primo caso l'errore è minimo e nel secondo esistono incertezze di più grave importanza dovute all'esistenza del sistema periodico che si manifesta con regolari oscillazioni di tutte le proprietà atomiche superficiali intorno a un andamento medio; il solo perseguibile con mezzi statistici.

2. L'equazione di SCHRÖDINGER si scriverà in generale(*):

$$\Delta_2\psi + \frac{8\pi^2m}{h^2}\left[E + \frac{e^2}{r} + \frac{e^2}{r}(Z-1)\varphi\right]\psi = 0.$$

Se k è il quanto azimutale, ψ si spezza in una funzione sferica di ordine k e in una funzione del raggio che conviene mettere sotto la forma χ/r; la χ obbedisce allora all'equazione:

$$\frac{d^2\chi}{dx^2} = \left[\frac{k(k+1)}{x^2} - a\frac{1+(Z-1)\varphi}{x} + \varepsilon\right]\chi$$

essendo:

$$a = \frac{8\pi^2m}{h^2}e^2\mu; \qquad \varepsilon = -\frac{8\pi^2m}{h^2}\mu^2E\,;$$

l'integrazione numerica per i tentativi è semplice nel caso di quanto radiale 1 (nessun nodo nella χ) (Tavola I(**)). In prossimità dello zero ci siamo serviti dello sviluppo in serie della φ.

Per il termine $3d$ del gadolino, $\varepsilon = 4,29$ e quindi il termine espresso in RYDBERG risulta: $-E = 86,3$, in esatto accordo con l'esperienza (86,6) ove si tenga conto della correzione relativistica che abbassa il termine semplice in maniera che risulti la sua distanza dal termine più basso precisamente la metà della distanza fra i termini effettivi.

([2]) FERMI, "Z. Physik", *48*, 73 (1928).
([3]) FERMI, "Rend. Acc. Lincei", *7*, 726 (1928).
(*) Δ_2 è la notazione usata in originale che non corrisponde alla notazione usata attualmente. (Nota del Curatore.)
(**) Nota del Curatore in E. AMALDI, *op. cit.*

Lo sdoppiamento in una teoria semplificata si calcolerebbe in base all'energia mutua fra il momento magnetico dell'elettrone e il valor medio del campo magnetico virtuale in cui esso viene a trovarsi.

La teoria di DIRAC dà in prima approssimazione:

$$\Delta E = \frac{5}{2}\frac{h^2}{8\pi^2 m}\frac{\int \psi\bar{\psi}\cdot\frac{1}{r}\frac{\partial v}{\partial r}dS}{mc^2}.$$

Per il gadolino si trova: $\Delta E = 2,20\,\mathrm{R}$, in buon accordo con l'esperienza $(2,4\,\mathrm{R})$.

Il calcolo ripetuto per lo stesso termine dell'uranio dà: $-E = 258\,\mathrm{R}$ (anche questa volta in piena armonia con il valore sperimentale 255) e $\Delta E = 11,7$ invece di 12,96.

3. Il calcolo del termine $6p$ del cesio, perfettamente analogo al precedente, conduce all'autofunzione di cui riportiamo i valori numerici (Tavola II(*)). Si trova per il valore del termine:

$$n = 24600\,\mathrm{cm}^{-1}$$

di fronte al doppietto sperimentale:

$$n_1 = 19674$$
$$n_2 = 20228;$$

lo sdoppiamento calcolato secondo la formula ricordata più sopra con il coefficiente corrispondente al diverso quanto azimutale risulta:

$$\Delta n = 1020\,\mathrm{cm}^{-1}$$

invece del valore sperimentale:

$$\Delta n = 554\,\mathrm{cm}^{-1}.$$

Le divergenze fra teoria e esperienza si spiegano perfettamente entro l'ambito delle approssimazioni statistiche, fra le quali ha massima importanza quella che dipende dal posto che l'elemento occupa nel sistema periodico. Precisamente essendo il cesio un metallo alcalino, il resto atomico ha la struttura compatta dei gas nobili, di modo che la carica efficace, per l'elettrone luminoso tende a 1 con particolare rapidità. Né deve sorprendere che per lo sdoppiamento si manifesti uno scarto tanto più forte che per l'energia. Per comprenderne intuitivamente la ragione basta riferirsi al modello classico di BOHR-SOMMERFELD; si vede allora facilmente che tutte le orbite molto allungate e di uguale quanto azimutale hanno approssimativamente la stessa distanza perielica e in vicinanza del nucleo si confondono in una unica curva percorsa con la stessa legge oraria. Ora è essenzialmente in questa zona che ha origine lo sdoppiamento; segue che

---

(*) Nota del Curatore in E. AMALDI, *op. cit.*

esso è all'incirca inversamente proporzionale al periodo di rivoluzione (intervallo fra due passaggi al perielio). Se la non newtonianità del campo si manifesta fortemente, come nel nostro caso, già a non grande distanza dall'afelio, un allungamento anche modesto dell'orbita determina una variazione considerevolissima del periodo di rivoluzione[4]. Del resto un calcolo diretto mostra che la nostra interpretazione è fondata. Supponiamo di correggere il potenziale statistico in guisa che il valore dei termini si accordi con quello sperimentale. Ciò può farsi in infiniti modi; tuttavia una limitazione si impone, e cioè che il potenziale corretto sia sempre intermedio fra quello statistico e quello newtoniano limite. Si trova allora che esiste un limite superiore per lo sdoppiamento calcolato in base all'autofunzione corrispondente, il quale vale:

$$\Delta_s n = 750 \, \text{cm}^{-1};$$

esso corrisponde al passaggio brusco dal potenziale statistico a quello newtoniano a una distanza di circa $2,2$ Å dal nucleo. Con un raccordo più verosimile fra potenziale statistico e newtoniano del tipo:

$$\frac{v_s - v}{v_s - v_n} = e^{-k\varphi}$$

si trova un valore in quasi perfetto accordo con l'esperienza.

Abbiamo infine calcolato il rapporto fra le intensità delle prime due righe di assorbimento. Se si indica con ψ_0 l'autofunzione corrispondente al termine fondamentale $6s$ e con ψ_1' e ψ_1'' quelle corrispondenti ai termini $6p$ e $7p$, tale rapporto vale:

$$\frac{i_1}{i_2} = \left[\frac{\int \psi_0 \bar{\psi}_1' x^3 dx}{\int \psi_1 \bar{\psi}_1'' x^3 dx} \right]^2 .$$

Le autofunzioni (Tavola III[*]) sono state determinate conservando il potenziale statistico[**] fino a $r = 2,2$ Å e il potenziale newtoniano a distanza maggiore. In queste condizioni, come si è detto, si ottiene per il termine $6p$ il valore sperimentale; è notevole che nelle stesse condizioni anche il valore teorico del termine $7p$ si accordi presso che esattamente con l'esperienza. Per ragioni di semplicità non si è determinato teoricamente il termine $6s$; l'autofunzione ψ_0 è stata invece costruita dall'infinito e fino a non grande

---

[4] In generale, per livelli non eccitati o per livelli eccitati di debole quanto azimutale, si ha nel modello classico un ordinario moto a rosetta. Al contrario, per taluni livelli eccitati di forte quanto azimutale, l'orbita di Bohr-Sommerfeld si spezza in due distinte, di cui l'una si svolge nella zona profonda dell'atomo, l'altra nella regione più esterna. Il modello cessa allora di dare indicazioni intuitive.

[*] Nota del Curatore in E. Amaldi, *op. cit.*

[**] Nei "Rendiconti dell'Accademia dei Lincei" è stampato "statico" ma nel manoscritto figura chiaramente "statistico". (Nota del Curatore in E. Amaldi, *op. cit.*)

distanza dal nucleo, in base al valore sperimentale del termine. Le χ non normalizzate sono riportate nella tabella. Si trova:

$$\frac{i_1}{i_2} = 125.$$

Lo sdoppiamento del termine $7p$ calcolato in base all'autofunzione ψ_1'' risulta:

$$\Delta_s n = 220\, \text{cm}^{-1}$$

e deve considerarsi come un limite superiore. L'esperienza dà:

$$\Delta n = 181$$

in accordo questa volta assai migliore, per ragioni facili a comprendersi.

	Tavola I			Tavola II			Tavola III		
x	χ_{64}	χ_{92}	x	$\chi_{55}(^*)$		x	χ_0	χ_1'	χ_1''
0,2	0,174	2,138	0	0		4	−0,091	−0,038	−0,039
0,4	0,603	6,840	0,1	0,0519		5	−0,390	−0,269	−0,270
0,6	0,925	8,265	0,2	0,1030		6	−0,513	−3,099	−0,399
0,8	1,031	7,231	0,4	0,0627		7	−0,477	−0,426	−0,425
1,0	0,976	5,482	0,6	−0,0593		8	−0,336	−0,376	−0,373
1,2	0,838	3,739	0,8	−0,1442		9	−0,141	−0,276	−0,270
1,4	0,675	2,396	1	−0,1587		10	0,072	−0,147	−0,139
1,6	0,521	1,515	1,5	0,0019		11	0,279	−0,007	0,044
1,8	0,389	0,940	2	0,1831		12	0,466	0,134	0,147
2,0	0,284	0,570	3	0,2024		14	0,757	0,391	0,406
			4	−0,0374		16	0,931	0,596	0,601
			6	−0,3990		18	1,000	0,740	0,723
			8	−0,3764		20	1,005	0,840	0,788
			10	−0,1508		25	0,898	0,967	0,781
			12	0,1276		30	0,717	0,962	0,571
			16	0,5942		35	0,535	0,876	0,234
			20	0,8503		40	0,377	0,749	−0,154
			25	0,9281		50	0,171	0,484	−0,820
			30	0,8474		60	0,071	0,282	−1,227
			35	0,7012		70	0,027	0,153	−1,326
			40	0,5462		80	0,010	0,079	−1,221
			50	0,2990		100	0,001	0,019	−0,791

(*) L'indice 55 è una nota del Curatore in E. AMALDI, *op. cit.*

Commento alla Nota Scientifica n. 1a: *"Sullo sdoppiamento dei termini Roentgen ed ottici a causa dell'elettrone rotante e sulle intensità delle righe del cesio".*

La prima pubblicazione scientifica di Ettore Majorana, presentata alla seduta dell'Accademia dei Lincei e pubblicato nei rendiconti dell'Accademia stessa nel 1928 è il risultato di una collaborazione con Giovanni Gentile jr, assistente di Enrico Fermi. Majorana era ancora uno studente del Corso di Laurea in Fisica e la sua tesi in Fisica sotto la direzione di E. Fermi viene discussa nel 1929. Il lavoro di Gentile e Majorana (indicato nel seguito per brevità come G&M) rappresenta un'applicazione ad un problema di spettroscopia atomica del metodo statistico per calcoli di strutture atomiche introdotto da Fermi in una serie di pubblicazioni fra il 1927 ed il 1928([1]). Quella costruzione teorica è oggi ben nota come "modello di Thomas-Fermi". Infatti, lo stesso metodo matematico fu sviluppato in contemporanea ed in maniera indipendente da L. H. Thomas dell'Università di Cambridge([2]). Questo modello semplifica considerevolmente il problema complesso del calcolo delle strutture atomiche per il caso di atomi con molti elettroni. In questo caso è necessario determinare il moto di ciascun elettrone sotto l'influenza dell'interazione coulombiana del nucleo e della repulsione degli altri elettroni. Nel modello di Thomas-Fermi il problema è semplificato attraverso l'uso di un potenziale effettivo centrale che approssima l'azione di tutti gli altri elettroni su quello d'interesse. Dato il numero elevato di elettroni, il potenziale è calcolato con un metodo statistico, trattando quindi gli elettroni come un gas di cariche che circonda il nucleo. Il metodo statistico di Fermi per il calcolo del potenziale effettivo è brevemente presentato alla pagina 4, in alto, dove la funzione φ che compare nel potenziale è derivata dalla densità di carica dei rimanenti elettroni attraverso l'uso dell'equazione di Poisson. Il potenziale effettivo viene inserito nell'equazione di Schrödinger, riportata al centro di pagina 4, la cui soluzione determina le autofunzioni e le autoenergie per le orbite dell'elettrone.

Fermi aveva applicato il metodo statistico alla derivazione delle energie di ionizzazione per diverse specie atomiche, ottenendo un buon accordo fra le previsioni teoriche ed i risultati sperimentali allora conosciuti. G&M applicano il metodo statistico al calcolo dell'energia di ionizzazione per un elettrone nell'orbitale $3d$ degli atomi di gadolinio ed uranio. G&M determinano inoltre lo splittamento di struttura fine dovuta all'interazione

---

([1]) E. Fermi, *Rend. Lincei* **6** (1927) 602; **7** (1928) 342, 726; *Z. Phys.* **48** (1928) 73; **49** (1928) 550.
([2]) L. H. Thomas, *Proc. Camb. Phylos. Soc.* **23** (1927) 542.

spin-orbita per elettroni degli stessi orbitali ed anche per l'orbitale 6p del cesio. Per il caso di gadolinio ed uranio i livelli atomici sono qui indicati come termini Roentgen; oggi la denominazione usata è quella di transizioni a raggi X poiché corrispondono alla produzione di radiazione elettromagnetica in quella banda dello spettro.

Dal punto di vista classico, la separazione di struttura fine è prodotta dall'interazione fra il momento magnetico associato al momento angolare intrinseco dell'elettrone (l'elettrone rotante citato nel titolo dell'articolo ed introdotto nel 1925 da G. E. Uhlenbeck e S. Goudsmit([3])) ed il campo magnetico prodotto dalla rotazione dell'elettrone attorno al nucleo. Invece, G&M derivano lo sdoppiamento di struttura fine a partire dalla teoria della meccanica quantistica sviluppata da P. A. M. Dirac e pubblicata nello stesso anno 1928, come nel riferimento (1) del lavoro di G&M. La prima equazione a pagina 5 è derivata dalla teoria di Dirac e corrisponde all'utilizzo della teoria delle perturbazioni al primo ordine per determinare la separazione fine dei livelli atomici. In tale equazione il potenziale dentro l'integrale al secondo membro è definito come v invece di V come nell'articolo di Dirac e nella definizione del potenziale a pagina 4, sesta riga. La quantità v non è definita nell'articolo, ma Fermi ha usato tale simbolo per indicare una quantità che differisce dal potenziale per una costante, quindi per il risultato del calcolo della separazione di struttura fine l'uso di v o di V è equivalente. Il risultato importante della formula scritta da G&M è che per la determinazione della separazione di struttura fine il potenziale effettivo statistico del modello di Thomas-Fermi deve essere utilizzato. Il contributo più importante a tale separazione proviene dalla parte della funzione d'onda dell'elettrone vicino al nucleo, nella regione spaziale dove il potenziale effettivo si riduce al potenziale Coulombiano non schermato dagli elettroni dell'atomo.

Per i potenziali di ionizzazione del livello 3D di gadolinio ed uranio l'analisi teorica riproduce i risultati sperimentali entro alcune parti percentuali e la separazione di struttura fine entro il 20%. Invece per i calcoli sull'atomo di cesio l'accordo fra teoria ed esperimento è di peggiore qualità, del 20% per la ionizzazione dello stato 6P e solo del 50% per la separazione di struttura fine di tale stato. Gli autori affermano che la ragione per la differenza fra tali atomi è che per il cesio il potenziale effettivo presenta una forte variazione spaziale nella regione vicino al nucleo dove passa da quello non schermato ad uno schermato. Inoltre, poiché diverse autofunzioni dell'elettrone esterno hanno una simile dipendenza spaziale, la teoria delle pertubazioni al primo ordine non possiede la precisione richiesta per riprodurre i risultati sperimentali.

A questo punto per l'analisi dei dati del cesio gli autori sviluppano un brillante metodo, diventato tipico di fisica atomica: G&M modificano il potenziale effettivo del cesio al fine di ottenere un buon accordo con i dati della struttura fine. Più precisamente, gli autori introducono un nuovo potenziale, come descritto dalla seconda equazione a pagina 6, che rappresenta un adattamento fra il potenziale coulombiano e quello statistico. Usando tale potenziale gli autori affermano di potere riprodurre quasi perfettamente il valore

---

([3]) G. E. UHLENBECK e S. GOUDSMIT, *Naturwiss.* **13** (1925) 953; *Nature (London)* **117** (1926) 264.

sperimentale per le strutture fini dei livelli $6P$ e $7P$.

La bontà di tale accordo spinge G&M ad utilizzare le autofunzioni elettroniche determinate forzando il potenziale effettivo. Pertanto gli autori derivano il rapporto fra le probabilità di transizione per le transizioni ottiche dallo stato fondamentale $6S$ ai due stati superiori $6P$ e $7P$. L'articolo non discute il paragone con risultati sperimentali, ma il valore di tale rapporto è entro il 5% in accordo con quello ora conosciuto. L'interesse nel calcolo delle forze dell'oscillatore per transizioni ottiche si collega alle misure spettroscopiche effettuate a Pisa nel Laboratorio di L. Puccianti, dove E. Fermi aveva fatto la sua tesi di laurea in fisica, ed a quelle effettuate in seguito a Firenze da E. Fermi e F. Rasetti. Lo stesso Fermi in una pubblicazione del 1930[4], un capolavoro della spettroscopia atomica, esamina il rapporto di probabilità di transizioni ottiche, per spiegare il rapporto anomalo misurato da Rasetti per le componenti dal doppietto $6P$ allo stato fondamentale $6S$ del cesio. Per compiere tale analisi Fermi utilizza i risultati numerici derivati da G&M per il rapporto $6P/7P$.

Fermi presentò i risultati ottenuti da G&M ad una conferenza su invito organizzata a Lipsia nel 1928 con P. Debye presidente del Comitato Organizzatore. Come riportato da F. Rasetti nel volume che raccoglie tutte le pubblicazioni di E. Fermi, questo invito a presentare ad un'udienza internazionale accuratamente selezionata i risultati della ricerca effettuata a Roma, fu considerato da Fermi come un grande onore. Fermi scelse di presentare una rassegna del modello statistico dell'atomo e delle applicazioni di tale modello ottenute da lui stesso e dai suoi collaboratori. Infatti il sommario della presentazione di Fermi, pubblicato a Lipsia[5] nello stesso anno della conferenza, discute i risultati di G&M sulle separazioni di struttura fine e sul rapporto delle intensità delle transizioni ottiche.

L'articolo di G&M ha ricevuto un numero limitato di citazioni, oltre a quelle già riportate in pubblicazioni di Fermi. Tuttavia nel 1933, T. Y. Wu che stava preparando la sua tesi di Dottorato all'Università del Michigan sotto la direzione di S. Goudsmit sulla teoria di difetti quantistici per gli atomi pesanti, paragona i suoi risultati a a quelli ottenuti da G&M[6]. Ancora nel 1997 P. S. Lee e T.-Y. Wu[7] riesaminano il modello statistico di Thomas-Fermi per atomi neutri ed ottengono una approssimazione migliore per il potenziale effettivo, che gli autori affermano produce una più elevata precisione nelle analisi numeriche come quelle di G&M.

Ennio Arimondo
NIST, Gaithersburg, MD (USA)

---

[4] E. Fermi, *Z. Phys.* **59** (1930) 680.
[5] E. Fermi, in *Quantentheorie und Chemie*, a cura di H. Falkenhagen (Leipzig) 1928; riprodotto in *Collected Papers*, Vol. 1 (The University of Chicago Press) 1961.
[6] T.-Y. Wu, *Phys. Rev.* **44** (1933) 727.
[7] P. S. Lee e T.-Y. Wu, *Chin. J. Phys.* **35** (1997) 742.

On the splitting of the Roentgen and optical terms caused by the electron rotation and on the intensity of the cesium lines(*)(**)

G. Gentile and E. Majorana

1. The purpose of this paper is to show that Fermi's potential allows one to determine *a priori* and with very good approximation all the energy levels of heavy atoms. This also allows one to calculate with remarkable accuracy, considering its statistical character, the splitting of the various terms. This is of great importance considering that one could not apply Sommerfeld's relativistic formula to these splittings, as the phenomenon goes well beyond the scheme of the fine-structure theory. Indeed it is well known that one has to use the assumption of the rotating electron which by now has lost its hypothetical character and appears to be well founded on a solid theoretical basis as Dirac's last paper[1] has shown. Our calculations will be applied to the Roentgen levels of the 3M term of gadolinium ($Z = 64$) and of uranium ($Z = 92$) and, in the optical case, to the P terms of cesium ($Z = 55$).

The electrostatic potential inside an atom with charge Z can be written in the form $V = \frac{Ze}{r}\varphi(\frac{r}{\mu})$, where φ is a numerical function in general smaller than one representing the screening effect of the other electrons. More precisely, close to the nucleus where the screening effect is minimum, $\varphi = 1$; as r increases φ decreases until, for $r = \infty$ and for neutral atoms, $\varphi = 0$.

Clearly the value of φ depends on the average distributions of the electrons around the nucleus. This electron cloud obeys Pauli's principle and thus, applying Fermi's

(*) Received by the Accademy on July 24, 1928; presented by the member O. M. Corbino.
(**) Translated from "Rendiconti dell'Accademia dei Lincei", vol. 8, 1928, pp. 229-233, by P. Radicati di Brozolo.
(¹) Dirac, "Proc. Roy. Soc. (London)", A *117*, 610; *118*, 351 (1928).

statistics to this special degenerate gas, we get another relation between the potential and the charge density. Using POISSON's equation FERMI([2]) obtained the following differential equation:

$$\frac{d^2\varphi}{dx^2} = \frac{\varphi^{3/2}}{\sqrt{x}}, \text{ where: } x = \frac{r}{\mu}; \qquad \mu = \frac{3^{2/3}h^2}{2^{13/3}\pi^{4/3}me^2Z^{1/3}}.$$

If we consider a given electron we can suppose([3]) that the other $Z - 1$ electrons are distributed as in a neutral atom with number $Z - 1$. The potential acting upon the electron is therefore $V = \frac{e}{r}[1 + (Z - 1)\varphi(\frac{r}{\mu})]$; obviously in this way we neglect, in the case of an internal electron, the consequences of PAULI's principle, which is not a statistical principle but a rigourous exclusion principle; in the case of an external electron we neglect instead the polarisation generated in the rest of the atom. In the first case the error is minimal while in the second case there are more serious uncertainties arising from the periodical system which produces regular oscillations of all the superficial atomic properties around the average; this average behaviour is the only one that shows up in our statistical treatment.

2. The general SCHRÖDINGER equation is(*)

$$\Delta_2\psi + \frac{8\pi^2m}{h^2}\left[E + \frac{e^2}{r} + \frac{e^2}{r}(Z - 1)\varphi\right]\psi = 0.$$

If k denotes the azimuthal quantum, the wave function ψ splits into the product of a spherical function of order k times a function of the radius that we shall write in the form χ/r, where χ satisfies the equation

$$\frac{d^2\chi}{dx^2} = \left[\frac{k(k + 1)}{x^2} - a\frac{1 + (Z - 1)\varphi}{x} + \varepsilon\right]\chi$$

with

$$a = \frac{8\pi^2m}{h^2}e^2\mu; \qquad \varepsilon = -\frac{8\pi^2m}{h^2}\mu^2E.$$

When the radial quantum is 1 (there are no nodes in the function χ) (see Table I(**)) the equation can easily be integrated numerically. Close to zero we have used a series expansion for the function φ.

([2]) FERMI, "Z. Physik", *48*, 73 (1928).
([3]) FERMI, "Rend. Acc. Lincei", *7*, 726 (1928).
(*) Δ_2 is the actual notation used in the original, not corresponding to the standard one today. (Note of the Editor.)
(**) Note added by the Editor in E. AMALDI, *op. cit.*

For the term $3d$ of gadolinium, $\varepsilon = 4.29$ and therefore the energy of the term is (in Rydberg) $-E = 86.3$ in very good agreement with observation (86.6). We notice that if we take into account the relativistic correction, the energy of the term decreases so that its distance from the lower term is lower by half than the distance between the real terms. In a simplified theory the splitting should be calculated on the basis of the interaction energy of the electron's magnetic moment with the average value of the virtual magnetic field acting on the electron.

In first approximation Dirac's theory gives

$$\Delta E = \frac{5}{2}\frac{h^2}{8\pi^2 m}\frac{\int \psi\bar{\psi}\cdot\frac{1}{r}\frac{\partial v}{\partial r}dS}{mc^2}.$$

For gadolinium we find $\Delta E = 2.20\,\mathrm{R}$ in good agreement with experiment $(2.4\,\mathrm{R})$.

The same calculation for uranium gives: $-E = 258\,\mathrm{R}$ (also this in good agreement with the experimental value 255) and $\Delta E = 11.7$ instead of 12.96.

3. The calculation of the $6p$ term of cesium, perfectly analogous to the previous one, leads to an eigenfunction whose numerical values are reported herein (see table II(*)).

For this term we find the value:

$$n = 24600\,\mathrm{cm}^{-1}$$

to be compared with the experimental values of the doublet:

$$n_1 = 19674$$
$$n_2 = 20228;$$

using the splitting formula recalled above with a coefficient corresponding to a different azimuth quantum we get:

$$\Delta n = 1020\,\mathrm{cm}^{-1}$$

instead of the experimental value:

$$\Delta n = 554\,\mathrm{cm}^{-1}.$$

The difference between theory and experiment is well explained by the statistical approximations, the most important of which is the one depending upon the position of the element in the periodical system. More precisely since cesium is an alkaline metal, the ionic core has the compact structure of the rare gases, so that the effective charge for the optical electron tends very rapidly to 1. It is also not surprising that the splitting is much larger than the splitting between the energies. Intuitively this can be explained by the classical Bohr-Sommerfeld model: indeed it is easy to see that all the very

---

(*) Note added by the Editor in E. Amaldi, *op. cit.*

eccentric orbits with the same azimuthal quantum numbers have approximately the same perihelion distance close to the nucleus so that they can be approximated by a unique orbit with the same motion. It is essentially in this region where the splitting is produced which is approximately inversely proportional to the orbit's period (that is the time interval between two passages at the perihelion). If, as it happens in our case, the departure from the Newtonian potential is large, even at a distance not too far from the aphelium a small departure from the orbit causes a huge change in the revolution period([4]). In any case a precise calculation shows that our interpretation is correct. Indeed let us suppose that we modify the statistical potential so as to make it agree with the experimental one. This can be achieved in infinitely many different ways, provided the correct potential always falls between the statistical one and the Newtonian limit. In this case one finds that there exists an upper limit to the splitting calculated on the basis of the corresponding eigenfunction which is

$$\Delta_s n = 750 \,\text{cm}^{-1}.$$

This corresponds to passing abruptly from the statistical potential to the Newtonian one at a distance of approximately 2.2 Å from the nucleus. If, more realistically, one puts

$$\frac{v_s - v}{v_s - v_n} = e^{-k\varphi},$$

one finds an almost perfect agreement with experiment.

Finally we have calculated the ratio of the intensities of the first two absorption lines. If we denote by ψ_0 the eigenfunction corresponding to the fundamental term $6s$ and by ψ_1' and ψ_1'' the eigenfunctions corresponding to the terms $6p$ and $7p$ the ratio of the intensities is

$$\frac{i_1}{i_2} = \left[\frac{\int \psi_0 \bar{\psi}_1' x^3 dx}{\int \psi_1 \bar{\psi}_1'' x^3 dx}\right]^2.$$

The eigenfunctions (see Table III([*])) have been determined with the statistical([**]) potential up to the distance $r = 2.2$ Å and with the Newtonian potential for larger distances. Under these conditions one obtains, as we have said, the experimental value

---

([4]) In general in the classical model there is a normal rosetta-like motion both for non-excited and for excited levels with small azimuth quantum. On the contrary, for certain highly excited levels with large azimuth quantum the BOHR-SOMMERFELD orbit splits into two different orbits. One of these reaches the interior of the atom, the other instead is mostly exterior. The model then loses its intuitive meaning.

([*]) Note added by the Editor in E. AMALDI, *op. cit.*

([**]) Note that in the original text of "Rendiconti dell'Accademia dei Lincei" it is erroneously printed "statico" ("static"), but in the original manuscript it is clearly written "statistico" ("statistical"). (Note of the Editor in E. AMALDI, *op. cit.*)

for the term $6p$. It is remarkable that under the same conditions also the theoretical value of the term $7p$ agrees almost exactly with experiment. For simplicity we have not calculated theoretically the term $6s$; instead the eigenfunction ψ_0 has been constructed from infinity up to a distance close to the nucleus starting from the experimental value. The non-normalized functions χ are given in the table. The ratio between the intensities is

$$\frac{i_1}{i_2} = 125.$$

The splitting of the term $7p$ calculated from the eigenfunction ψ_1'' is

$$\Delta_s n = 220\,\mathrm{cm}^{-1},$$

which should be considered as an upper limit. This is to be compared with the experimental value

$$\Delta n = 181.$$

The agreement this time is, for obvious reasons, much better.

Table I			Table II		Table III			
x	χ_{64}	χ_{92}	x	$\chi_{55}(^*)$	x	χ_0	χ_1'	χ_1''
0.2	0.174	2.138	0	0	4	−0.091	−0.038	−0.039
0.4	0.603	6.840	0.1	0.0519	5	−0.390	−0.269	−0.270
0.6	0.925	8.265	0.2	0.1030	6	−0.513	−3.099	−0.399
0.8	1.031	7.231	0.4	0.0627	7	−0.477	−0.426	−0.425
1.0	0.976	5.482	0.6	−0.0593	8	−0.336	−0.376	−0.373
1.2	0.838	3.739	0.8	−0.1442	9	−0.141	−0.276	−0.270
1.4	0.675	2.396	1	−0.1587	10	0.072	−0.147	−0.139
1.6	0.521	1.515	1.5	0.0019	11	0.279	−0.007	0.044
1.8	0.389	0.940	2	0.1831	12	0.466	0.134	0.147
2.0	0.284	0.570	3	0.2024	14	0.757	0.391	0.406
			4	−0.0374	16	0.931	0.596	0.601
			6	−0.3990	18	1.000	0.740	0.723
			8	−0.3764	20	1.005	0.840	0.788
			10	−0.1508	25	0.898	0.967	0.781
			12	0.1276	30	0.717	0.962	0.571
			16	0.5942	35	0.535	0.876	0.234
			20	0.8503	40	0.377	0.749	−0.154
			25	0.9281	50	0.171	0.484	−0.820
			30	0.8474	60	0.071	0.282	−1.227
			35	0.7012	70	0.027	0.153	−1.326
			40	0.5462	80	0.010	0.079	−1.221
			50	0.2990	100	0.001	0.019	−0.791

(*) The lower index in χ_{55} has been added by the Editor in E. Amaldi, *op. cit.*

Comment on the Scientific Paper no. 1a: *"On the splitting of the Roentgen and optical terms caused by the electron rotation and on the intensity of the cesium lines".*

The first scientific paper of Ettore Majorana, presented to the Accademia dei Lincei and published in the Rendiconti of that Academy in 1928, is joint work with Giovanni Gentile Jr., a junior professor of the Physics Institute in Rome. At that time Majorana was still an undergraduate physics student. His doctoral thesis under the supervision of E. Fermi was defended in 1929. This paper is an early application to outstanding problems of atomic spectroscopy, using the statistical model of atomic structure introduced by Fermi in a series of papers between 1927 and 1928[1]. That framework has long been known as the *Thomas-Fermi model*, because the same essential idea was independently and simultaneously developed by L. H. Thomas at Cambridge University[2]. This model simplifies the complex problem of calculating the atomic structure of multielectron atoms. For each electron, an effective potential in its Schrödinger equation is approximated by a central field which accounts for the clustering of all other electrons centered around the nucleus. This effective potential is calculated through the statistical approach derived by Fermi, which is described on page 12, top, with the function φ derived from the Poisson equation including the charge density associated with the other electrons. The Schrödinger equation with the effective potential to be solved for the external electron is written down in the middle of page 12.

Fermi applied this statistical approach to derive the ionization energies of several atomic species, producing good agreement with known experimental results. Here, Gentile and Majorana (G&M) applied that approach to derive the ionization energy of an electron in the 3d orbit of gadolinium and uranium, again in good agreement with experimental values.

Furthermore, G&M also calculate the fine-structure splitting of different atomic states of gadolinium, uranium and cesium. As concerns both the ionization potential and the spin-orbit splitting in gadolinium and uranium, the levels treated are designated as Roentgen terms; today they would be called X-ray transitions, because their spectroscopic studies are performed in the X-ray region.

---

[1] E. FERMI, *Rend. Lincei* **6** (1927) 602; **7** (1928) 342, 726; *Z. Phys.* **48** (1928) 73; **49** (1928) 550.
[2] L. H. THOMAS, *Proc. Camb. Phylos. Soc.* **23** (1927) 542.

From a classical standpoint, the spin-orbit splitting is produced by the coupling between the magnetic moment of the electron spin ("the electron rotation"), which was introduced in 1925 by G. E. Uhlenbeck and S. Goudsmit([3]), and the magnetic field produced by the electron motion around the nucleus. However G&M derive that splitting within the quantum mechanics approach formulated by P. A. M. Dirac. They apply first-order perturbation theory to the determination of the splitting of atomic energy levels. The equation on the top of page 13 is derived from the Dirac theory of ref. (1) of the original G&M paper. In that equation the potential within the integral is defined as v, while the Dirac paper reports the potential as V. The v quantity is not defined in G&M, though in Fermi's papers v and V differ by a constant, and are otherwise equivalent in the determination of the spin-orbit splitting. The G&M formula suggests that the statistical Thomas-Fermi effective potential should be used for the determination of the splitting. However, the largest contribution to the spin-orbit splitting arises from the electron wave function near the nucleus, and there the effective potential reduces to the unshielded Coulomb potential.

For the ionization potential of gadolinium and uranium, the theoretical analysis reproduces experimental values within a few percent and the spin-orbit splitting within 20%. However for cesium $6P$ the agreement is not that good, only 20% for the ionization potential and 50% for the spin-orbit splitting. The authors claim that the reason for the difference is that for cesium, the effective potential experiences a strong radial dependence in the region near the nucleus, where the potential reduces to a screened Coulomb potential. Furthermore, because several eigenfunctions of the external electron have a similar spatial distribution, the first-order perturbation is not sufficiently accurate.

At this point the authors make an additional brilliant intuitive step into the analysis of the cesium data. They modify the cesium effective potential in order to obtain good agreement for the spin-orbit splitting. More precisely, they introduce a new effective potential derived from the Fermi statistical model, and from the central Coulombian potential as described in the second equation on page 14. Using that effective potential they claim to obtain a very good agreement with the experimental value of the spin-orbit splitting in the $6P$ and $7P$ cesium states.

The authors extended their spectroscopic analysis, focusing their attention on the ratio of the transition probability for the optical transitions from the $6S$ ground state to the two upper P states. They did not compare their value to experiments, but their result agrees with the presently accepted value within 5%. The interest in oscillator strengths expressed in this paper was linked to the research performed in Pisa by the group of L. Puccianti, where E. Fermi obtained his physics degree(*), and also to investigations performed by E. Fermi and F. Rasetti in Florence few years before. Fermi himself subsequently([4]) investigated the issue of anomalous intensity ratios for optical transitions

---

([3]) G. E. UHLENBECK and S. GOUDSMIT, *Naturwiss.* **13** (1925) 953; *Nature (London)* **117** (1926) 264.
(*) At that time Italian Universities offered one degree only in all subjects.
([4]) E. FERMI, *Z. Phys.* **59** (1930) 680.

in his publication of 1930, where he explained the anomalous ratio measured by Rasetti for the two components of the S-P doublets in cesium, that work being a masterpiece of atomic spectroscopy. Fermi used the G&M $6P/7P$ intensity ratio to derive his estimate for the $6p$ doublet intensity.

Fermi reported the G&M results at a restricted conference held in Leipzig in 1928 under the chairmanship of P. Debye. As described by F. Rasetti in the book of Fermi's collected papers, that was considered by Fermi as a great honor to report to a select international audience the results of the work performed in Rome. Fermi decided to review the statistical model of the atom and its applications to various problems by him and his collaborators. In a resumé of Fermi's lecture, published in Leipzig in 1928[5], the G&M spin-orbit splittings and intensity ratios are discussed.

The G&M work is infrequently cited, apart from Fermi's citations. However, in 1933, T.-Y. Wu, completing his PhD at the University of Michigan under the direction of S. Goudsmit, examined theoretically the quantum defects of heavy atoms and compared his results to those of G&M[6]. In 1997 P. S. Lee and T.-Y. Wu[7] re-examined the Thomas-Fermi statistical potential for neutral atoms and produced a better approximation for the effective potential, which they claimed to provide a better accuracy for the G&M numerical analyses.

$$* * *$$

EA is grateful to C. W. CLARK for carefully reading the English translations of the original paper and of his comment, and for useful suggestions.

ENNIO ARIMONDO
NIST, Gaithersburg, MD (USA)

[5] E. FERMI, in *Quantentheorie und Chemie*, edited by H. Falkenhagen (Leipzig) 1928; reprinted in *Collected Papers*, Vol. 1 (The University of Chicago Press) 1961.
[6] T.-Y. WU, *Phys. Rev.* **44** (1933) 727.
[7] P. S. LEE and T.-Y. WU, *Chin. J. Phys.* **35** (1997) 742.

NOTA SCIENTIFICA n. 1b   —   SCIENTIFIC PAPER no. 1b

Comunicazione alla 22a Adunanza Generale della Società Italiana di Fisica
Talk given at the 22nd General Meeting of the Italian Physical Society

Majorana dott. Ettore: Ricerca di un'espressione generale delle correzioni di Rydberg, valevole per atomi neutri o ionizzati positivamente(*)

"Il Nuovo Cimento", vol. 6, 1929, pp. XIV-XVI.

È un'applicazione, dice l'A., del metodo statistico ideato dal Fermi. Nell'interno di un atomo di numero Z ionizzato n volte, il potenziale si può mettere sotto la forma:

$$V = \frac{Ze}{r}\varphi(x) + C,$$

in cui x è la distanza misurata in unità(**):

$$\mu = 0,47 Z^{-\frac{1}{3}}\left(\frac{Z-n}{Z-n-1}\right)^{\frac{2}{3}} 10^{-8}\mathrm{cm},$$

φ obbedisce a una nota equazione differenziale e alle condizioni ai limiti:

$$\varphi(0) = 1, \quad -x_0\varphi'(x_0) = \frac{n+1}{Z} \quad \text{essendo} \quad \varphi(x_0) = 0,$$

e C, che è il potenziale al limite dello ione, vale

$$C = \frac{(n+1)e}{\mu x_0}.$$

(*) Comunicazione presentata alla 22a Adunanza Generale della Società Italiana di Fisica, Roma, 29 Dicembre 1928.
(**) Ne "Il Nuovo Cimento" è erroneamente stampato $0,47z^{-\frac{1}{3}}$ invece di $0,47Z^{-\frac{1}{3}}$. (Nota del Curatore.)

Nella formula ora scritta non si considera il potenziale locale, ma il potenziale medio efficace che agisce su un elettrone che si trovi in un determinato punto dello spazio. I due potenziali che in prima approssimazione sono identici, vanno distinti, come ora si è sottinteso, in seconda appprossimazione, per tener conto che la carica elementare di un elettrone non è evanescente ma ha un valore finito. In realtà alla seconda approssimazione non si può procedere in modo rigoroso, ma nel caso di un atomo isolato si possono immaginare dei metodi abbastanza soddisfacenti, il più semplice dei quali porta alla espressione ora ricordata. Noto il potenziale al limite dell'atomo, si deduce l'energia potenziale massima che può avere un elettrone:

$$U = -Ce.$$

Dividendo gli elettroni in elettroni s, p, d, ..., secondo il quanto azimutale, poichè tutti gli elettroni presenti occupano i posti di minore energia, competerà statisticamente la stessa energia massima, che come subito si vede deve essere uguale ad U, così al più esterno degli elettroni s, come al più esterno degli elettroni p o d o f.

Se allora l_k è il quanto totale, per esempio dell'elettrone di q. az. k più esterno, esso sarà legato alla correzione di Rydberg, per i termini di q. az. k indicata con c_k, dalla relazione:

$$\frac{Rh}{(l_k - c_k)^2} = -U.$$

Il quanto totale dell'elettrone più esterno l_k si può calcolare in base al principio di Pauli quando sia noto il numero N_k di elettroni di q. az. k presenti nell'atomo. Questo numero si può calcolare, come ha mostrato il Fermi nel suo noto saggio sulla spiegazione statistica del sistema periodico. Se per evitare calcoli eccessivi si suppone, in via d'approssimazione, che la distribuzione per numeri quantici degli $Z - n$ elettroni presenti nell'atomo Z, ionizzato n volte, sia la stessa che si ha nell'atomo neutro di numero $Z - n$, sempre che n/Z sia piccolo, si ottiene l'annunciata espressione delle correzioni di Rydberg

$$c_k = k + (Z - n)^{\frac{1}{3}}\left[0,42n\Phi\left(0,565\frac{k^2}{(Z-n)^{\frac{2}{3}}}\right) - 0,665\sqrt{\frac{x_0(n+1)}{Z^{\frac{1}{3}}(Z-n-1)^{\frac{2}{3}}}}\right]$$

in cui k è il quanto azimutale aumentato di $\frac{1}{2}$ e Φ, una funzione già esaminata o calcolata dal Fermi. Le costanti numeriche non sono costanti sperimentali, ma numeri trascendenti, semplici espressioni algebriche di π, scritti per brevità in forma decimale. Ponendo $n = 0$ si ottengono le formule relative agli atomi neutri. L'accordo con l'esperienza è discreto: si hanno in genere, specie per i termini s, valori un po' più bassi di quelli osservati, ma la differenza è imputabile in massima al fenomeno di polarizzazione.

L'A. poi accenna a un *tentativo di valutazione statistica dell'effetto dei legami chimici sugli spettri di Röntgen.* Le sostanze esaminate sono gli elementi semplici 13-14-15-16, rispettivamente Al, Si, Ph, S e i loro composti ossigenati. In questi composti essi si comportano rispettivamente come trivalenti, tetravalenti, pentavalenti o esavalenti; vale a dire che, ad es., una molecola di anidride solforica va ritenuta schematicamente come composta di un atomo di S ionizzato positivamente sei volte e da tre atomi di O ionizzati negativamente due volte. Si comprende come tale schematizzazione sia eccessiva in quanto lo ione esavalente di S non lascerebbe certo indisturbati i suoi vicini; si deve cioè pensare che gli elettroni di valenza, pur passando in prima approssimazione sotto il controllo dell'ossigeno, restino in realtà (e insieme forse con gli elettroni di valenza dell'ossigeno) in rapporti più o meno intimi con l'atomo di zolfo. Si può pensare di definire una ionizzazione effettiva come quella che nello ione isolato produrrebbe la stessa variazione dei termini di Röntgen. È quello che l'A. ha fatto. Il calcolo eseguito in seconda approssimazione, che in questo caso richiede speciali cautele, e in base alle misure fatte da Erik Bäcklin nel 1925 intorno allo spostamento verso le alte frequenze che subisce la riga K_α, quando si passa dall'elemento alla combinazione, dà per la ionizzazione efficace rispettivamente per(*)

$$
\begin{aligned}
Z = 13 \quad & 2 \quad\ 3 \\
14 \quad & 2,7 \quad 4 \\
15 \quad & 3,4 \quad 5 \\
16 \quad & 4,2 \quad 6.
\end{aligned}
$$

Le ricerche finora eseguite sono ancora troppo scarse per apprezzare in tutto il loro valore questi risultati, ma una cosa sembra acquisita, e cioè che l'esame dei termini profondi è destinato a dare indizi interessanti sulla struttura delle molecole.

$$* \ * \ *$$

L'A. ringrazia il prof. Fermi, che gli è stato largo di consigli e di suggerimenti intorno alle esposte nuove applicazioni di quel metodo statistico che tanta luce ha gettato sulla fisica atomica, e la cui fecondità, lungi dal mostrarsi esaurita, attende ancora di essere cimentata in campi di indagine più vasti e più ricchi di promesse.

(*) Ne "Il Nuovo Cimento" accanto al valore "5" della tabella compare, per un presumibile errore tipografico, anche il valore "0,7". (Nota del Curatore.)

Commento alla Nota Scientifica n. 1b: *"Ettore Majorana sul modello statistico di Thomas-Fermi per atomi e ioni. La comunicazione all'adunanza della Società Italiana di Fisica (Roma, Dicembre 1928)".*

In occasione della XXII Adunanza Generale della Società Italiana di Fisica, tenutasi presso l'Istituto Fisico della Regia Università di Roma dal 28 al 30 Dicembre 1928, nella seduta del 29 Dicembre, il giovane Ettore Majorana presentò una comunicazione dal titolo "Ricerca di un'espressione generale delle correzioni di Rydberg, valevole per atomi neutri o ionizzati positivamente"[1]. Qui egli comunica i suoi risultati originali sul modello statistico di Thomas-Fermi per atomi e ioni, ottenuti nell'anno 1928, mentre egli era ancora studente della Scuola di Ingegneria. La comunicazione è molto dettagliata, e compare nel verbale della sessione, regolarmente pubblicato nella rivista della Società Italiana di Fisica, "Il Nuovo Cimento". Essa fu anche registrata nella rivista tedesca "Jahrbuch über die Fortschritte der Mathematik" 55, 1183 (1929), e appare ora anche negli archivi elettronici dello Jahrbuch.

Ci proponiamo qui di descrivere l'atmosfera scientifica che circondava le ricerche alla base della comunicazione, e di porre nella giusta prospettiva storica il contributo di Majorana al settore. Nel corso di questa ricostruzione ci baseremo anche su documenti originali, conservati nell'Archivio Majorana della Domus Galilaeana di Pisa, e negli Archivi dell'Università di Roma "La Sapienza".

Durante la sessione del 4 Dicembre 1927, all'Accademia dei Lincei in Roma, Orso Mario Corbino, membro dell'Accademia e anche direttore del Regio Istituto di Fisica dell'Università di Roma, presentò una nota[2] di Enrico Fermi, dal titolo "Un metodo statistico per la determinazione di alcune proprietà dell'atomo". Le idee di Fermi sono molto semplici e potenti. In linea di principio, secondo la meccanica quantistica, un atomo dovrebbe essere descritto dalla sua equazione di Schrödinger completa. Tuttavia, a causa del grande numero di variabili coinvolte, per le applicazioni pratiche questa equazione era di difficile trattazione nel caso di atomi con un grande numero di elettroni. Invece

---

[1] E. MAJORANA, "Ricerca di un'espressione generale delle correzioni di Rydberg, valevole per atomi neutri o ionizzati positivamente", *Nuovo Cimento* **6** (1929) XIV-XVI.

[2] E. FERMI, "Un metodo statistico per la determinazione di alcune proprietà dell'atomo", *Rend. Accad. Lincei* **6** (1927) 602-607, (n. 43 in [3]).

[3] E. FERMI, *Note e Memorie (Collected Papers)*, Vol. **I**, Italia 1921-1938 (Accademia Nazionale dei Lincei, The University of Chicago Press, Roma-Chicago-Londra) 1962.

il metodo di Fermi è fondato sulla considerazione di una sorta di potenziale efficace di campo medio, prodotto dal nucleo e da tutti gli elettroni. Gli elettroni sono considerati come un insieme statistico completamente degenere, distribuito secondo la statistica di Fermi, sotto l'influenza locale di questo potenziale elettrostatico. La distribuzione statistica di Fermi fornisce la densità elettronica in ogni punto dello spazio in funzione del potenziale. D'altra parte, il potenziale soddisfa l'equazione di Poisson, con sorgenti date dal nucleo e dalla distribuzione media degli elettroni. Questo problema non lineare viene risolto facilmente tramite l'integrazione numerica di una equazione differenziale del secondo ordine, con condizioni al contorno appropriate, per una funzione, detta funzione di Fermi, che descrive l'effetto di schermaggio degli elettroni sul potenziale coulombiano del nucleo. La funzione di Fermi dipende solo dalla distanza dal nucleo. Si ottiene pertanto una drastica riduzione del numero delle variabili.

Sembra che Fermi non fosse al corrente che uno schema essenzialmente equivalente era stato presentato da Llewellen Hilleth Thomas nell'articolo[4], inviato alla *Cambridge Philosophical Society* il 6 Novembre, e letto nella sessione del 26 Novembre 1926. Tuttavia il programma di Fermi era molto più ambizioso, e si orientava verso una esplorazione sistematica delle proprietà atomiche usando il modello statistico. In particolare, i livelli spettroscopici degli atomi si sarebbero potuti calcolare nell'ambito di uno schema molto semplice, considerando un modello approssimato, dove un elettrone singolo (l'elettrone ottico) doveva obbedire all'equazione di Schrödinger, sotto l'influenza di un potenziale efficace opportunamente definito in termini della funzione di Fermi. In effetti, già nella prima metà del 1928 apparvero in Roma una serie di articoli, dove venivano considerati svariati problemi di fisica atomica. Lo stesso Fermi sviluppò alcune applicazioni al sistema periodico degli elementi, dando una spiegazione per la formazione dei gruppi di elementi anomali, quali le terre rare, e inoltre calcolò la correzione di Rydberg per i termini spettroscopici s. Inoltre Franco Rasetti[5] calcolò i termini spettroscopici Röntgen M_3 per una serie di elementi. Anche Majorana, partecipò a questi sforzi, come vedremo, collaborando con Giovanni Gentile jr[6]. Tutti i risultati, ottenuti da Fermi e dai suoi associati, furono sintetizzati da Fermi in una rassegna molto dettagliata[7], basata sul suo rapporto alla conferenza Leipziger Tagung, tenutasi a Lipsia il 17-24 Giugno 1928, dove era stato invitato da Peter Debye, con una lettera ancora conservata negli Archivi dell'Università di Roma.

---

[4] L. H. Thomas, "The calculation of atomic fields", *Proc. Cambridge Philos. Soc.*, **23** (1927) 542-548.

[5] F. Rasetti, "Eine statistische Berechnung der M-Röntgenterme", *Z. Phys.* **48** (1928) 546-549.

[6] G. Gentile e E. Majorana, "Sullo sdoppiamento dei termini Roentgen e ottici a causa dell'elettrone rotante e sulle intensità delle righe del cesio", *Rend. Accad. Lincei* **8** (1928) 229-233.

[7] E. Fermi, "Über die Anwendung der statistischen Methode auf die Probleme des Atombaues", in: *Quantentheorie und Chemie (Leipziger Vorträge 1928)*, a cura di H. Falkenhagen (S. Hirzel, Leipzig) 1928, pp. 95-111 (n. 49 in [3]).

Nel modello statistico di Fermi calcoli lunghi, ma affrontabili, danno risultati in ragionevole accordo con le osservazioni sperimentali. Fermi nell'articolo[8] estese il suo modello anche al caso di ioni positivi, con un determinato numero di ionizzazione.

Come prima ricordato, il coinvolgimento di Ettore Majorana sul modello statistico di Fermi iniziò molto presto. Ettore Majorana si era iscritto al biennio preparatorio per gli Aspiranti Ingegneri nell'autunno del 1923. Dai documenti conservati negli archivi dell'Università di Roma, possiamo seguire la sua carriera accademica come studente (numero di posizione 10447). Dopo aver conseguito il Diploma del biennio nel 1925, egli continuò i suoi studi presso il triennio della Scuola di Ingegneria. Egli superò regolarmente tutti gli esami richiesti durante gli anni accademici 1925-1926, e 1926-1927. Ci si sarebbe aspettati che egli finisse gli esami nel 1928, e prendesse la laurea in Ingegneria, con la presentazione di una Tesi. Invece nel 1928 Majorana, ancora come studente di Ingegneria, si presentò solo ad un esame. Questo era "Fisica Teorica", superato con la votazione di $100/100$ e lode il 5 Giugno 1928. Il corso di "Fisica Teorica" era quello tenuto da Fermi presso la Facoltà di Scienze. Secondo i regolamenti, era possibile per uno studente di Ingegneria seguire corsi di altre Facoltà. È chiaro che gli interessi di Majorana si erano orientati verso la Fisica agli inizi del 1928. Solo nell'autunno del 1928 Majorana chiese il trasferimento ufficiale verso la Facoltà di Scienze. La Facoltà approvò il trasferimento nella seduta del 19 Novembre 1928. Da quel momento, Majorana superò gli esami richiesti per il corso di Fisica, e conseguì la Laurea, con il massimo dei voti e la lode, il 6 Luglio 1929.

A partire dall'inizio del 1928, dopo i suoi primi contatti con Fermi, in pochi mesi egli acquistò una profonda conoscenza della struttura del modello statistico di Fermi, recentemente elaborato. Infatti, nel suo quaderno di appunti "Volume II", conservato alla Domus Galilaeana in Pisa, che mostra all'inizio la data del 23 Aprile 1928, possiamo trovare, tra l'altro, un metodo molto abile per il calcolo dei valori della funzione di Fermi, una valutazione del potenziale infra-atomico senza l'uso del metodo statistico, alcune applicazioni del potenziale di Fermi, con il calcolo dell'energia atomica dello stato fondamentale, e la curva statistica dei termini fondamentali negli atomi neutri.

Nell'ambito del programma di applicazioni del modello statistico, all'inizio del 1928, Ettore Majorana dette inizio ad una fruttuosa collaborazione con Giovanni Gentile jr, il quale, dopo il conseguimento della Laurea in Pisa nel Novembre del 1927, era stato chiamato a Roma da Corbino su un posto temporaneo di assistente per sei mesi. I loro risultati furono pubblicati nel già ricordato lavoro in collaborazione [6]. In questo articolo, usando il metodo di Fermi, essi calcolano le energie e lo sdoppiamento dei livelli, dovuto allo spin dell'elettrone, per i termini spettroscopici Röntgen $3d$ del gadolinio ($Z = 64$), e dell'uranio ($Z = 92$), e per i termini ottici $6p$ del cesio ($Z = 55$). Inoltre essi calcolano il rapporto di intensità per le prime due righe di assorbimento del cesio. Il calcolo dello sdoppiamento dei termini spettroscopici è molto interessante. Infatti, a

---

[8] E. Fermi, "Sul calcolo degli spettri degli ioni", *Mem. Accad. Italia,* **I** (Fis.) (1930) 149-156 (n. 63 in (^{3})).

questo scopo gli autori fanno uso di una formula perturbativa data da Dirac solo pochi
mesi prima.

I risultati di questo lavoro furono molto apprezzati. Infatti, Fermi ne fa riferimento nella sua relazione a Lipsia([7]), e inoltre, in lavori successivi, utilizza efficacemente
l'espressione da loro trovata per i rapporti di intensità.

Una copia preliminare di questo lavoro in collaborazione con Gentile è conservata
negli Archivi Majorana a Pisa. Le parti scritte a mano dai due autori si riconoscono
immediatamente. La parte scritta da Majorana è molto interessante, perchè vi sono
contenute alcune acute considerazioni sui limiti del modello statistico, dovuti a effetti di
polarizzazione.

Dopo il lavoro in collaborazione con Gentile, Majorana nel 1928 continuò da solo le sue
ricerche sul modello statistico dell'atomo, con grande autonomia scientifica ed efficacia.

Nella comunicazione del Dicembre 1928, Majorana presentò i suoi risultati sul miglioramento del modello di Fermi, e sull'estensione al caso di ioni positivi. L'articolo naturalmente è in italiano, ed è scritto nella forma di verbale della sessione, ma è molto
chiaro e dettagliato.

L'essenza concettuale del miglioramento apportato da Majorana può essere facilmente
riconosciuta. Nella formulazione originaria di Fermi, la distribuzione statistica degli elettroni è controllata dal campo elettrico microscopico locale, cioè dal campo elettrico che
agirebbe su una ipotetica carica elettrica di prova infinitesima, mentre in Majorana essa
è controllata dal campo efficace, che agisce su un generico elettrone in ogni punto dello
spazio. Majorana osserva correttamente che i potenziali dei due campi elettrici, che in
prima approssimazione sono uguali, devono essere tenuti distinti in una più precisa "seconda approssimazione", in modo da tener conto del fatto che la carica dell'elettrone non
è infinitesima. Da un punto di vista fisico, nell'atomo di Fermi ogni elettrone interagisce
anche con se stesso, poichè la repulsione tra elettroni è descritta mediante la densità
elettronica complessiva. Nel miglioramento di Majorana, questa auto-interazione viene
evitata, mediante l'uso di un semplice argomento di approssimazione media, che fornisce
la relazione tra il campo microscopico e il campo efficace. Naturalmente il campo efficace
di Majorana ha un'espressione leggermente diversa da quella fornita da Fermi. Inoltre,
nella formulazione di Majorana gli atomi neutri, come gli ioni, hanno un raggio finito.

Si deve anche tenere in conto che la comunicazione fornisce il primo trattamento degli
ioni positivi nell'ambito del modello statistico. Inoltre, si può anche comprendere facilmente che il miglioramento apportato da Majorana permette l'esistenza di ioni negativi
di carica uno (in questo caso la densità elettronica si estende fino all'infinito). Lo schema
di Fermi([8]) per gli ioni positivi comparirà più di un anno dopo, senza tener conto del
miglioramento di Majorana.

La comunicazione continua con una espressione molto elegante, data in forma chiusa,
delle correzioni di Rydberg alle linee spettrali. Qui Majorana non solo fa uso del suo
schema migliorato, ma segue un metodo radicalmente diverso dal metodo introdotto da
Fermi([7]).

Nella seconda parte della comunicazione, Majorana presenta un resoconto preliminare su un tentativo di valutazione statistica dell'effetto dei legami chimici sulle righe

spettrali Röntgen profonde. Egli prende in considerazione gli elementi Al, Si, Ph, S, e i loro composti ossigenati. Lo spostamento delle righe spettrali nei composti è interpretato in termini delle righe dell'elemento semplice con una ionizzazione efficace anche non intera, nell'ambito della sua teoria migliorata. Egli sviluppa complessi calcoli del secondo ordine, e utilizza i valori sperimentali disponibili per lo spostamento delle righe spettrali Röntgen profonde, nel passaggio dall'elemento semplice al composto ossigenato. I risultati sono sintetizzati in una tabella. Per gli elementi $Z = 13$, 14, 15, 16, di valenza chimica 3, 4, 5, 6, rispettivamente, egli trova che lo spostamento delle righe spettrali per il composto può essere interpretato attribuendo agli atomi isolati una ionizzazione efficace corrispondente ai valori 2, 2,7, 3,4, 4,2, rispettivamente. Queste idee estremamente interessanti potrebbero suggerire applicazioni ulteriori anche nella ricerca contemporanea.

Dopo la comunicazione del Dicembre 1928, l'attività del giovane Majorana si spostò verso la fisica nucleare. Infatti, egli conseguì la Laurea in Fisica presentando una Tesi di ricerca dal titolo "Sulla meccanica dei nuclei radioattivi", sotto la supervisione di Fermi.

Alla comunicazione del Dicembre 1928 non è stato fatto mai alcun riferimento, né nelle numerose pubblicazioni di Fermi e dei suoi associati, né in alcuna delle numerose ricostruzioni della vita e dell'attività scientifica di Majorana.

La proposta di Majorana per il miglioramento del potenziale efficace nel modello statistico sembra che non sia stata accettata da Fermi per molti anni, e dimenticata. Comunque, lo schema proposto fu alla fine utilizzato, senza riferimenti, nel monumentale lavoro conclusivo del 1934 di Fermi e Amaldi sul modello statistico dell'atomo[9]. In effetti, la monografia di Fermi e Amaldi è basata su un modello statistico "migliorato", come posto in rilievo dagli autori. Il miglioramento principale, relativo al potenziale efficace agente sull'elettrone ottico, è esattamente quello proposto da Majorana più di cinque anni prima.

Dopo 77 anni, la comunicazione del Dicembre 1928 all'Adunanza Generale della Società Italiana di Fisica è stata portata all'attenzione della comunità scientifica con una nota[10] depositata nel sito arXiv.com, e ora compare finalmente qui, in questo Volume, tra le pubblicazioni scientifiche di Ettore Majorana.

FRANCESCO GUERRA(*)
Università di Roma "La Sapienza"

NADIA ROBOTTI(**)
Università di Genova

---

[9] E. FERMI e E. AMALDI, "Le orbite ∞s degli elementi", *Mem. Accad. Italia*, **6** (Fis.) (1934) 119-149 (n. 82 in [3]).
[10] F. GUERRA e N. ROBOTTI, "A forgotten publication of Ettore Majorana on the improvement of the Thomas-Fermi statistical model", in rete nel sito `http://arXiv.com/physics/0511222`.
(*) e-mail: `francesco.guerra@roma1.infn.it`
(**) e-mail: `robotti@fisica.unige.it`

Majorana dr Ettore: Search for a general expression of Rydberg corrections, valid for neutral atoms or positive ions(*)

It is an application, the Author says, of the statistical method devised by Fermi. In the interior of an atom with number Z, n times ionized, the potential can be put in the form

$$V = \frac{Ze}{r}\varphi(x) + C,$$

where x is the distance measured in units(**)

$$\mu = 0.47Z^{-\frac{1}{3}}\left(\frac{Z-n}{Z-n-1}\right)^{\frac{2}{3}}10^{-8}\text{cm},$$

φ obeys a well known differential equation and the boundary conditions

$$\varphi(0) = 1, \quad -x_0\varphi'(x_0) = \frac{n+1}{Z} \quad \text{being} \quad \varphi(x_0) = 0,$$

and C, which is the potential at the boundary of the ion, has the value

$$C = \frac{(n+1)e}{\mu x_0}.$$

(*) Talk given at the 22nd General Meeting of the Italian Physical Society, Rome, 29 December 1928. Translated from "Il Nuovo Cimento", vol. **6** (1929) XIV-XVI, by F. Guerra and N. Robotti.
(**) Note that in the original text of "Il Nuovo Cimento" it is erroneously printed $0.47z^{-\frac{1}{3}}$ instead of $0.47Z^{-\frac{1}{3}}$. (Note of the Editor.)

In the formula above, one does not consider the local potential, but the mean effective potential acting on some electron in any given point in space. The two potentials, which to the first approximation are identical, are to be kept distinct, as has been now tacitly understood, in the second approximation, in order to take into account that the elementary charge of an electron is not vanishing, but has a finite value. As a matter of fact, one cannot proceed to the second approximation in a rigorous way, but, in the case of an isolated atom, one can imagine some quite satisfactory methods. Among these, the simplest one leads to the expression mentioned before. If the potential at the boundary of the atom is known, one can derive the highest potential energy for an electron:

$$U = -Ce.$$

By sorting the electrons in s, p, d, ... electrons, according to the azimuthal quantum number, since all electrons which are present must occupy the states of lower energy, then the same highest energy will be shared by the most external electron among the s electrons, and the most external electron among the p or d or f electrons. It is immediately seen that this highest energy must be equal to U.

Then, if l_k is the total quantum number, for example of the most external electron with azimuthal quantum number k, it will be connected to the Rydberg correction, denoted by c_k for terms of azimuthal number k, through the relation

$$\frac{Rh}{(l_k - c_k)^2} = -U.$$

The total quantum number l_k of the most external electron can be calculated through the Pauli principle, provided one knows the number N_k of electrons with azimuthal number k, which are present in the atom. It is possible to evaluate this number, as has been shown by Fermi in his well-known paper on the statistical explanation of the periodical system. In order to avoid excessive calculations, it is supposed, as an approximation, that the distribution, along the quantum numbers, of the $Z - n$ electrons, which are present in the Z atom, n times ionized, is the same as for a neutral atom, with atomic number $Z - n$, provided n/Z is small. Then, the announced expression of the Rydberg corrections is obtained

$$c_k = k + (Z - n)^{\frac{1}{3}} \left[0.42n\Phi \left(0.565 \frac{k^2}{(Z-n)^{\frac{2}{3}}} \right) - 0.665 \sqrt{\frac{x_0(n+1)}{Z^{\frac{1}{3}}(Z - n - 1)^{\frac{2}{3}}}} \right],$$

where k is the azimuthal quantum number increased of $\frac{1}{2}$ and Φ is a function already examined or calculated by Fermi. The numerical constants are not experimental constants, but transcendent numbers, simple algebraic expressions of π, written here in decimal form, for the sake of brevity. By putting $n = 0$, the formulae relative to neutral atoms are obtained. The agreement with the experiments is quite good: in general, especially for the s terms, one obtains values slightly lower than the observed ones. But the difference can be attributed mostly to the phenomenon of polarization.

The Author then mentions an *attempt of statistical evaluation of the chemical bond effect on the Röntgen spectra.* The examined substances are the simple elements 13-14-15-16, respectively Al, Si, Ph, S, and their oxygen compounds. In these compounds, these elements behave as trivalent, tetravalent, pentavalent, or hexavalent, respectively. This means, for example, that a molecule of sulfuric anhydride should be considered schematically as composed by one six times positively ionized S atom, and by three two times negatively ionized O atoms. It is easily understood that this schematization is excessive. In fact, the hexavalent S ion would not leave its neighbors undisturbed. It is to be understood for the valence electrons that, even though they pass in first approximation under control of the oxygen, as a matter of fact, they maintain more or less close relations with the atom of sulfur (perhaps together with the valence electrons of oxygen). It is possible to think of an effective ionization, which would produce in the isolated ion the same variation of the Röntgen terms. This is what the Author did. The calculation has been performed in the second approximation with special care, by exploiting the measurements done by Erik Bäcklin in 1925, about the shift toward high frequencies for the line K_α, when one goes from the simple element to the compound. The calculation gives for the effective ionization respectively(*)

$$Z = 13 \quad 2 \quad\ \ 3$$
$$14 \quad 2.7 \quad 4$$
$$15 \quad 3.4 \quad 5$$
$$16 \quad 4.2 \quad 6.$$

Researches performed until now are still too meager, in order to appreciate these results in their full value. However, one thing seems to be definitely acquired, *i.e.* that the analysis of the deep terms is bound to give interesting indications on the structure of the molecules.

* * *

The Author thanks prof. Fermi, who has been generous in advice and suggestions about the new applications of the statistical method, explained here. The statistical method has thrown considerable light on atomic physics. Its fecundity, far from being exhausted, is still waiting to be challenged in research fields, which are more extensive and richer in promises.

(*) In "Il Nuovo Cimento" aside the value "5" in the table, there appears, for a presumable typo, also the value "0.7". (Note of the Editor.)

Comment on the Scientific Paper no. 1b: "Ettore Majorana on the Thomas-Fermi statistical model for atoms and ions. The communication at the meeting of the Italian Physical Society (Rome, December 1928)".

On occasion of the XXII General Meeting of the Italian Physical Society, held in Rome at the Physical Institute of the Royal University from December 28th to 30th, 1928, during the session of December 29th, the young Ettore Majorana delivered a communication with title "Ricerca di un'espressione generale delle correzioni di Rydberg, valevole per atomi neutri o ionizzati positivamente" ("Search for a general expression of Rydberg corrections, valid for neutral atoms or positive ions")[1]. There he reports about his original results on the Thomas-Fermi statistical model for atoms and ions, obtained during the year 1928, while he was still a student at the School of Engineering. The communication is very detailed, and appears in the records of the session, regularly published in the journal of the Italian Physical Society, "Il Nuovo Cimento". It was also listed in the German "Jahrbuch über die Fortschritte der Mathematik" 55, 1183 (1929). Now it appears also in the electronic archives of the Jahrbuch.

It is our purpose here to describe the scientific atmosphere in which the research presented in the communication was carried out and to put in the right historical perspective Majorana contribution to the field. In this reconstruction, we will rely also on original documents, kept in the Majorana Archive of the Domus Galilaeana in Pisa, and in the Archives of the University of Rome "La Sapienza".

During the session of December 4th, 1927, at the Accademia dei Lincei, in Rome, Orso Mario Corbino, member of the Academy and also director of the Royal Institute of Physics of the University of Rome, presented a note[2] by Enrico Fermi, with the title "Un metodo statistico per la determinazione di alcune proprietà dell'atomo," ("A statistical method for the determination of some properties of the atom"). Fermi ideas are very simple and very powerful. In principle, according to quantum mechanics, an atom should be described by the full Schrödinger equation. However, due to the large

---

[1] E. MAJORANA, "Ricerca di un'espressione generale delle correzioni di Rydberg, valevole per atomi neutri o ionizzati positivamente", *Nuovo Cimento* **6** (1929) XIV-XVI.

[2] E. FERMI, "Un metodo statistico per la determinazione di alcune proprietà dell'atomo", *Rend. Accad. Lincei* **6** (1927) 602-607) (n. 43 in ([3])).

[3] E. FERMI, *Note e Memorie (Collected Papers)*, Vol. **I**, Italia 1921-1938, (Accademia Nazionale dei Lincei, The University of Chicago Press, Roma-Chicago-Londra) 1962.

number of variables involved, for practical applications, this equation was hard to control when the number of electrons is large. Fermi treatment is based instead on a kind of electrostatic effective mean-field potential, produced by the nucleus and all the electrons. The electrons are considered as a completely degenerate statistical ensemble, obeying Fermi statistics, under the local influence of this electrostatic potential. Fermi statistical distribution gives the electron density as a function of the potential in each point in space. On the other hand, the potential satisfies the Poisson equation, with sources given by the nucleus and the electron mean distribution. This nonlinear problem is easily solved by relying on the numerical integration of a second-order differential equation, with appropriate boundary conditions, for the so-called Fermi function, describing the screening effect of the electrons on the Coulomb potential of the nucleus. The Fermi function depends only on the distance from the nucleus. Therefore, we have a drastic reduction in the number of variables.

Apparently Fermi was unaware that an essentially equivalent scheme had been presented by Llewellen Hilleth Thomas in the paper[4] sent to the Cambridge Philosophical Society on November 6th and read on November 22nd, 1926. However, Fermi program was much more ambitious, aiming at a systematic exploration of atomic properties by using the statistical model. In particular, the spectroscopic levels of atoms could be calculated through a very simple scheme, by considering an approximate model, where a single electron (the optical electron) would obey Schrödinger equation under the influence of a properly defined effective potential, depending on the Fermi function. In fact, already during the first half of the year 1928 a series of papers appeared in Rome, where various atomic problems were considered. Fermi himself made applications to the periodic system of elements, giving a way to understand the formation of the the anomalous groups of elements, as the rare-earth elements, and evaluated Rydberg correction for the spectroscopic s-terms. Then Franco Rasetti[5] calculated the M_3 spectroscopic Röntgen terms for a series of elements. Also Ettore Majorana, participated to these efforts, as we will see, by collaborating with Giovanni Gentile jr[6]. All results, obtained by Fermi and his associates in the first half of 1928, were summarized by Fermi in a very detailed review[7], based on his report at the conference Leipziger Tagung, held in Leipzig on June 17-24, 1928, where he was invited by Peter Debye, with a letter still kept in the Archives of the University of Rome.

[4] L. H. THOMAS, "The calculation of atomic fields", *Proc. Cambridge Philos. Soc.*, **23** (1927) 542-548.

[5] F. RASETTI, "Eine statistische Berechnung der M-Röntgenterme", *Z. Phys.* **48** (1928) 546-549.

[6] G. GENTILE and E. MAJORANA, "Sullo sdoppiamento dei termini Roentgen e ottici a causa dell'elettrone rotante e sulle intensità delle righe del cesio", *Rend. Accad. Lincei* **8** (1928) 229-233.

[7] E. FERMI, "Über die Anwendung der statistischen Methode auf die Probleme des Atombaues", in: *Quantentheorie und Chemie (Leipziger Vorträge 1928)* edited by H. Falkenhagen (S. Hirzel, Leipzig) 1928, pp. 95-111, (n. 49 in [3]).

In the Fermi statistical model, long, but affordable, calculations give numerical results in reasonable agreement with the experimental findings. Fermi extended this scheme to the case of positive ions, with a given ionization number, in his paper[8].

As mentioned before, the involvement of Ettore Majorana with Fermi statistical model started very early. Ettore Majorana had enrolled in the two year preparatory course for Engineers in Rome in Fall 1923. From the records kept in the archives of the University of Rome, we can follow his academic career as student (position number 10447). After obtaining the two-year diploma in 1925, he continued his studies in the three-year School of Engineering. He took regularly all requested examinations during the academic years 1925-1926, and 1926-1927. He was expected to finish the examinations in 1928 and to obtain the doctoral degree as Engineer, with the submission of a Thesis. However, during 1928 Majorana, still as a student of Engineering, took only one examination. This was "Theoretical Physics", passed with a marking of 100/100 "cum laude", on June 5th, 1928. The course "Theoretical Physics" was the course given by Enrico Fermi at the Faculty of Sciences. According to the rules, it was possible, for a student of Engineering, to take courses held in different Faculties. It is clear that the interests of Majorana had moved toward Physics at the beginning of 1928. It was only in Fall 1928 that Majorana asked to move officially to the Faculty of Sciences. The Faculty gave his assent during the session of November 19th, 1928. Then Majorana took the requested examinations in Physics, and obtained his doctoral degree, on July 6th, 1929, with full marks and "laude".

Starting from the beginning of 1928, when he initiated his contacts with Fermi, in few months, he acquired a very deep knowledge of the structure of the recently established Fermi statistical model. In fact, in his notebook "Volume II", kept at the Domus Galilaeana in Pisa, reporting at the beginning the date of April 23rd, 1928, we can find, among other things, a very clever calculation of the values of the Fermi function, an evaluation of the infra-atomic potential without using the statistical method, some applications of Fermi potential with the calculation of the atomic ground state energy, and the statistical curve of the fundamental terms in neutral atoms.

Along the program of applications of the statistical model, at the beginning of 1928, Ettore Majorana began a fruitful collaboration with Giovanni Gentile jr, who, after his graduation in Pisa in November 1927, received from Corbino a six month temporary appointment as assistant in Rome. Their results were published in the already mentioned joint paper[6]. In this paper, by using Fermi method, they calculate the energy and the level splitting, due to the electron spin, for the $3d$ spectroscopic Röntgen term of gadolinium ($Z = 64$), and uranium ($Z = 92$), and for the $6p$ optical term of caesium ($Z = 55$). Moreover, they calculate also the intensity ratio for the first two absorption lines of caesium. The calculation of the level splitting of spectroscopic terms is very interesting. In fact, to this purpose the authors exploit a perturbation formula given by Dirac only few months before.

---

[8] E. FERMI, "Sul calcolo degli spettri degli ioni", *Mem. Accad. Italia*, **I** (Fis.) (1930) 149-156 (n. 63 in [3]).

The results of this paper were well received. In fact, Fermi makes reference to them in his Leipzig report([7]), and heavily exploits the expression given for the intensity ratios in his subsequent papers.

An early draft of this joint paper with Giovanni Gentile jr is kept in the Majorana Archives in Pisa. Handwritten parts produced by the two coworkers are easily recognizable. The part written by Majorana is extremely interesting, because it contains some deep considerations about the limits of the statistical model, due to polarization effects.

After the joint paper with Gentile, Ettore Majorana in 1928 continued alone his research on the statistical model for the atom, with great scientific autonomy and effectiveness.

In his December 1928 communication, Majorana presented results about his improvement of the Fermi model, and its extension to positive ions. The paper of course is in Italian, and is written in the form of a record of the session, but is very clear and detailed.

The very essence of Majorana improvement can be easily recognized. In the original Fermi formulation, the statistical distribution of electrons is ruled by the microscopic local electric field, *i.e.* the electric field acting on some hypothetical vanishing test charge, while in Majorana it is ruled by the effective field, acting on some electron in any given point in space. Majorana correctly remarks that these two electric fields, which to the first approximation are identical, are to be kept distinct in a more refined "second approximation", in order to take into account that the elementary charge of an electron is not vanishing. From a physical point of view, in Fermi atoms each electron is interacting also with itself, because the repulsion between electrons is described through the overall electric density. In Majorana improvement this self-interaction is avoided, through a very simple approximate average argument, giving the relation between the microscopic and the effective potentials. Of course, the Majorana effective field acting on the optical electron is slightly different with respect to the Fermi expression. Moreover, in the Majorana formulation neutral atoms (and ions) have a finite radius.

It must be also appreciated that the communication gives the first treatment of positive ions in the scientific literature, in the frame of the statistical model. Moreover, it is very simple to realize that Majorana improvement allows for stable negative ions of charge one (in this case with an electronic density extending to infinity). Fermi scheme([8]) for positive ions comes more than one year later, and does not take into account Majorana improvement.

The communication continues with a very elegant expression, in closed form, of the Rydberg corrections to the spectral lines. Here, Majorana not only exploits the new improved proposed scheme, but follows a method radically different from the method introduced by Fermi([7]).

In the second part of the communication, Majorana gives a preliminary account about an attempt of statistical evaluation of the effect of chemical bonds on the deep Röntgen spectral lines. He considers the elements Al, Si, Ph, S, and their molecular compounds with oxygen. The displacement of the spectral lines in the compounds is interpreted in terms of the lines of the simple elements with some effective even non-integer ionization, in the frame of his improved theory. He performs an elaborate second-order calculation, and exploits the available experimental values for the displacement of the deep Röntgen spectral lines, going from the simple element, to its oxygen compound. The results are summarized in a table. For the elements $Z = 13$, 14, 15, 16, with chemical valences given by 3, 4, 5, 6, respectively, he finds that the displacement of the spectral lines for the compounds can be interpreted by attributing to the isolated atoms an effective ionization with values 2, 2.7, 3.4, 4.2, respectively. These extremely interesting ideas could suggest further applications even in present-day research.

After the December 1928 communication, at the beginning of 1929, the activity of the young Majorana shifted toward nuclear physics. In fact, he obtained his doctoral degree in Physics by presenting a research Thesis with the title "Sulla meccanica dei nuclei radioattivi" ("On mechanics of radio-active nuclei"), under Fermi supervision.

The December 1928 communication did not receive any mention, neither in the numerous publications of Fermi and his associates on the subject, nor in any of the further reconstructions of the life and scientific activity of Ettore Majorana.

The Majorana proposal for the improvement of the effective potential in the statistical model apparently was not accepted by Enrico Fermi for years, and forgotten. However, it was finally exploited, without reference, in the 1934 monumental conclusive paper by Fermi and Amaldi on the statistical model for atoms[9]. In fact, the Fermi-Amaldi paper is based, as enphasized by the authors, on an "improved" statistical model. The main improvement, concerning the effective potential acting on the optical electron, is exactly what was proposed by Majorana, more than five years before.

After 77 years, the December 1928 communication to the General Meeting of the Italian Physical Society has been brought to the attention of the scientific community with a note[10] posted on arXiv.com, and now it finally appears here in this Volume among the scientific publications of Ettore Majorana.

FRANCESCO GUERRA(*)
Università di Roma "La Sapienza"

NADIA ROBOTTI(**)
Università di Genova

[9] E. FERMI and E. AMALDI, "Le orbite ∞s degli elementi", *Mem. Accad. Italia*, **6** (Fis.) (1934) 119-149 (n. 82 in (³)).
[10] F. GUERRA and N. ROBOTTI, "A forgotten publication of Ettore Majorana on the improvement of the Thomas-Fermi statistical model", available on http://arXiv.com/physics/0511222.
(*) e-mail: francesco.guerra@roma1.infn.it
(**) e-mail: robotti@fisica.unige.it

NOTA SCIENTIFICA n. 2 — SCIENTIFIC PAPER no. 2

Sulla formazione dello ione molecolare di elio

NOTA DI ETTORE MAJORANA

"Il Nuovo Cimento", vol. 8, 1931, pp. 22-28.

Sunto. — La stabilità dello ione He_2^+(*) può essere studiata, anche quantitativamente, con il metodo di HEITLER e LONDON, e i risultati si accordano con i dati sperimentali disponibili. Si riconosce che questo composto è analogo a H_2, benché l'elettrone esterno si trovi in uno stato differente, e che gli elettroni interni non hanno solo l'ufficio di schermare le cariche dei nuclei, ma contribuiscono in modo essenziale alla costruzione molecolare.

Le osservazioni di WEIZEL e PESTEL[1], CURTIS e HARVEY[2] e altri sullo spettro di bande dell'elio hanno dimostrato che alcune costanti molecolari (quanto di oscillazione, momento di inerzia) tendono, per gli stati più elevati dell'elettrone luminoso, a limiti determinati che è naturale attribuire alle corrispondenti grandezze dello ione He_2^+; di questo è così dimostrata la possibilità di esistenza, almeno nello stato fondamentale, a cui è da ascrivere[3] con sicurezza la configurazione $(1s\sigma)^2 2p\sigma^2\Sigma$, e poiché si ha motivo

---

(*) Ne "Il Nuovo Cimento" è stampato He_2 invece di He_2^+. (Nota del Curatore, si veda anche E. AMALDI, *op. cit.*)

[1] W. WEIZEL e E. PESTEL, "Z. Physik", *56*, 97 (1929); W. WEIZEL, "Z. Physik", *56*, 727 (1929).

[2] W. E. CURTIS e A. HARVEY, "Proc. Roy. Soc. (London)", A *125*, 484 (1929).

[3] W. WEIZEL, "Z. Physik", *56*, 727 (1929).

di credere, secondo le più recenti conclusioni di W. Weizel[4] che la molecola neutra si formi da un atomo nello stato fondamentale e un atomo eccitato, si può presumere che lo ione si dissoci, per quanti di oscillazione elevati, o per un allontanamento adiabatico dei nuclei, se, come vogliamo fare, li riguardiamo come fissi, in un atomo neutro e un atomo ionizzato, entrambi nello stato fondamentale[5]. Noi vogliamo qui studiare la reazione $He + He^+$ dal punto di vista energetico e dimostrare che essa può effettivamente condurre alla formazione dello ione molecolare; un calcolo di prima approssimazione dà anzi in questo caso per la distanza di equilibrio dei nuclei e per il quanto di oscillazione valori che assai bene si accordano con quelli trovati sperimentalmente. Il metodo seguito è quello applicato la prima volta da Heitler e London[6] allo studio della molecola di idrogeno e consiste nell'assumere, come autofunzioni elettroniche della molecola, determinate combinazioni lineari delle autofunzioni appartenenti agli atomi separati, e nel valutare su di esse il valor medio dell'interazione fra i due atomi; ma è da notare che avendo i nuclei la stessa carica ed essendo uno degli atomi ionizzato, il problema è, come vedremo, meccanicamente affatto diverso da quello esaminato da Heitler e London, e in genere da quello contemplato dall'ordinaria teoria della valenza omeopolare[7].

1. Supponiamo gli atomi separati e a grande distanza; se prescindiamo per un momento dal fatto che stati in cui il primo atomo è neutro e il secondo ionizzato, e stati in cui il primo atomo è ionizzato e il secondo neutro, hanno la stessa energia e vanno quindi considerati insieme nel calcolo di perturbazione, e riguardiamo invece il *primo* atomo come neutro e il *secondo* come ionizzato, abbiamo un problema meccanicamente simile a quello della reazione[8] $He + H$, e poiché a He appartiene un anello elettronico chiuso, il modo di reazione è unico, cioè non ha luogo per l'interazione dei due atomi una separazione di termini (soddisfacenti al principio di Pauli) e inoltre le forze di risonanza sono certamente repulsive. Vero è che le forze attrattive di polarizzazione sono nel nostro caso di natura diversa da quelle che agiscono fra atomi neutri, perchè mentre le prime dipendono da un potenziale che diminuisce a grande distanza come R^{-4} le seconde si annullano più rapidamente, dipendendo da un potenziale che varia come R^{-6}, ma è da osservare che la polarizzabilità dell'atomo neutro He è assai piccola e perciò in nessun modo le forze di polarizzazione possono da sole dare origine ad uno stabile legame. Per spiegare la affinità chimica fra He e He^+ dobbiamo invece togliere la restrizione posta e lasciare libero l'atomo neutro, di ceder quando voglia, un elettrone all'atomo ionizzato

---

[4] W. Weizel, "Z. Physik", *59*, 320 (1930).

[5] Cfr. F. Hund, "Z. Physik", *63*, 719 (1930).

[6] W. Heitler e F. London, "Z. Physik", *44*, 455 (1927).

[7] F. London, "Z. Physik", *46*, 455 (1927); *50*, 24 (1928). W. Heitler, "Z. Physik", *46*, 47 (1927); *47*, 835 (1928). Per una visione di insieme, W. Heitler, "Phys. Z.", *31*, 185 (1930). E. A. Hylleraas ha incontrato l'ulteriore degenerazione derivante dall'uguaglianza dei nuclei nello studio della reazione fra atomi di idrogeno diversamente eccitati, "Z. Physik", *51*, 150 (1928).

[8] Cfr. G. Gentile, "Z. Physik", *63*, 795 (1930).

e di assumerne quindi le veci. Questo ha per effetto di sdoppiare il termine risultante dall'unione dei due atomi, press'a poco senza alterarne il valor medio; e lo sdoppiamento dipende non più dalla risonanza degli elettroni, ma dal comportamento delle autofunzioni di fronte alla riflessione nel centro della molecola, potendo esse restare inalterate per la detta *inversione*, e si dicono *pari*, oppure mutare segno, e si dicono *dispari*. Si potrebbe parlare di *risonanza* dei nuclei, ma solo per metafora, non già nel senso proprio, che è differente, poiché qui consideriamo soltanto le autofunzioni elettroniche. La separazione del termine dovuta alla sua parità o disparità è di un'ordine di grandezza maggiore dell'energia dovuta alle forze repulsive di *valenza*; dobbiamo quindi ritenere che uno dei modi di reazione corrisponde a repulsione e non dà luogo a legame chimico, mentre l'altro dà origine a forze attrattive e conduce alla formazione dello ione molecolare. Possiamo riconoscere i due modi di reazione con le considerazioni seguenti. Poiché abbiamo a che fare con tre elettroni, si può pretendere che due di essi, e siano l'elettrone 1, e l'elettrone 2, abbiano lo *spin* parallelo; l'autofunzione deve allora essere antisimmetrica nelle coordinate dei due primi elettroni, così che per nuclei molto lontani essi stanno certamente l'uno in vicinanza di un nucleo (a), e l'altro in vicinanza dell'altro nucleo (b) e possono cambiar di sede solo contemporaneamente; e l'autofunzione, in quanto dipendente dai primi due elettroni, cambia allora di segno. Segue che gli elettroni 1 e 2 danno luogo insieme ad un termine dispari descritto da un'autofunzione che cambia segno per inversione; ma i soli stati individuali che vengono in considerazione sono quelli che derivano dagli stati $1s$ degli atomi separati e cioè $1s\sigma$ e $2p\sigma$, il primo pari ed il secondo dispari, e gli elettroni 1 e 2 sono quindi un'elettrone $1s\sigma$ e uno $2p\sigma$ (o viceversa).

Al terzo elettrone potremo assegnare un'autofunzione pari ($1s\sigma$) o una dispari ($2p\sigma$) che si formano rispettivamente per somma o differenza dalle autofunzioni degli atomi separati; nel primo caso otteniamo come configurazione complessiva $(1s\sigma)^2 2p\sigma^2\Sigma$, quella cioè che appartiene allo stato fondamentale di He_2^+ e corrisponde effettivamente ad attrazione dei due atomi, nel secondo caso troveremo invece la configurazione $1s\sigma(2p\sigma)^2 {}^2\Sigma$ che appartiene a un livello eccitato, probabilmente instabile di He_2^+, e dà luogo all'altro modo di reazione, quello cioè che corrisponde a repulsione. Vediamo di qui che la causa essenziale della stabilità di He_2^+ è quella stessa che provvede alla stabilità dello ione molecolare di idrogeno.

2. Se con Φ e φ indichiamo le autofunzioni dell'atomo (a), rispettivamente neutro o ionizzato, e con Ψ e ψ quelle analoghe dell'atomo (b), come autofunzioni imperturbate degli atomi separati dovremo considerare le sei seguenti che derivano l'una dall'altra per permutazione degli elettroni e scambio dei nuclei:

(1)
$$\begin{cases} A_1 = \varphi_1\Psi_{23}, & B_1 = \psi_1\Phi_{23}, \\ A_2 = \varphi_2\Psi_{31}, & B_2 = \psi_2\Phi_{31}, \\ A_3 = \varphi_3\Psi_{12}, & B_3 = \psi_3\Phi_{12}. \end{cases}$$

L'interazione degli atomi, spezza il termine multiplo sei volte separando le autofunzioni corrette di approssimazione nulla secondo i caratteri di simmetria[9] negli elettroni e secondo il comportamento rispetto all'inversione. Indicando con un segno + i termini pari e con un segno − i termini dispari, le sole simmetrie che si presentano sono le seguenti:

$$(\overline{123})^+, \ (\overline{123})^-, \ (\underline{123})^+, \ (\underline{123})^-,$$

e si hanno in corrispondenza quattro termini, di cui i primi due sono semplici e gli ultimi due doppi, per degenerazione nascosta; e poiché i primi due sono esclusi dal principio di PAULI, essendo simmetrici nei tre elettroni, rimangono in campo il terzo, che a causa della sua parità corrisponde alla configurazione $1s\sigma(2p\sigma)^2\,^2\Sigma$, e il quarto che è per noi il più interessante, poiché porta alla formazione di He_2^+ e quindi alla configurazione $(1s\sigma)^2 2p\sigma\,^2\Sigma$. Le autofunzioni dei quattro termini sono, a meno di un fattore di normalizzazione:

(2)
$$\begin{cases} (\overline{123})^+ & y_1 = A_1 + A_2 + A_3 + B_1 + B_2 + B_3, \\ (\overline{123})^- & y_2 = A_1 + A_2 + A_3 - B_1 - B_2 - B_3, \\ (\underline{123})^+ & y_3 = A_1 - A_2 + B_1 - B_2, \\ (\underline{123})^- & y_4 = A_1 - A_2 - B_1 + B_2, \end{cases}$$

essendosi scelta per il terzo e il quarto l'autofunzione antisimmetrica in 1 e 2. La funzione di perturbazione è naturalmente differente secondo che si considera l'uno o l'altro degli stati imperturbati (1), poiché gli elettroni non figurano simmetricamente nell'Hamiltoniana degli atomi astrattamente separati, e abbiamo allora sei Hamiltoniane differenti, secondo la configurazione degli elettroni, per gli atomi separati e una sola, simmetrica, per gli atomi riuniti. Nella configurazione A_1 l'energia di perturbazione sarà espressa, ad es., da

$$H = \frac{4e^2}{R} + \frac{e^2}{r_{12}} + \frac{e^2}{r_{13}} - \frac{2e^2}{r_{1b}} - \frac{2e^2}{r_{2a}} - \frac{2e^2}{r_{3a}},$$

essendo $R, r_{12}, r_{13}, r_{1b}, r_{2a}, r_{3a}$, le distanze del nucleo e dell'elettrone del primo atomo dal nucleo e dagli elettroni del secondo. La variazione di un generico autovalore si otterrà in prima approssimazione dall'espressione simbolica

(3)
$$E_i = \frac{\displaystyle\int \bar{y}_i H y_i d\tau}{\displaystyle\int \bar{y}_i y_i d\tau} \qquad (i = 1, 2, 3, 4)$$

---

[9] F. HUND, "Z. Physik", *43*, 788 (1927).

badando che H opera differentemente, come si è detto, sui vari termini da cui ogni y_i risulta costituita a norma di (2). Esplicitando la (3) troviamo

(4)
$$\begin{cases} E_1 = \dfrac{I_0 + 2I_1 + 2I_2 + I_3}{1 + 2S_1 + 2S_2 + S_3}\,, \\[2mm] E_2 = \dfrac{I_0 - 2I_1 + 2I_2 - I_3}{1 - 2S_1 + 2S_2 - S_3}\,, \\[2mm] E_3 = \dfrac{I_0 - I_1 - I_2 + I_3}{1 - S_1 - S_2 + S_3}\,, \\[2mm] E_4 = \dfrac{I_0 + I_1 - I_2 - I_3}{1 + S_1 - S_2 - S_3}\,, \end{cases}$$

essendo

(5) $$S_1 = \int B_2 A_1 d\tau\,; \qquad S_2 = \int A_2 A_1 d\tau\,; \qquad S_3 = \int B_1 A_1 d\tau\,;$$

(6) $$I_0 = \int A_1 H A_1 d\tau\,; \qquad I_1 = \int B_2 H A_1 d\tau\,; \qquad I_2 = \int A_2 H A_1 d\tau\,;$$

$$I_3 = \int B_1 H A_1 d\tau\,.$$

Per nuclei abbastanza lontani (ma non eccessivamente) tutti gli integrali I sono negativi e gli S positivi e per l'ordine di grandezza si ha

$$-I_1 > -I_2 > -I_3\,,$$
$$S_1 > S_2 > S_3\,.$$

Prescindendo nelle (4) dalle variazioni dei denominatori, che a distanza sufficientemente grande sono prossimi all'unità, e trascurando I_3, l'energia risulta essenzialmente costituita dalla "energia elettrostatica" I_0, che è comune a tutti i termini, anche non paulistici, e si può trascurare a causa della sua piccolezza, e da combinazioni della "energia di scambio" I_2, che corrisponde alle forze di valenza, e della energia I_1, che è preponderante e nasce dalla simmetria del termine rispetto alla inversione. Limitandoci alle soluzioni $y_3(^*)$ e y_4 che sole hanno senso fisico, e badando all'ordine di grandezza e al segno di I_1 e I_2, troviamo confermato che $y_3(^*)$ dà luogo a repulsione mentre y_4 conduce alla formazione molecolare.

Di quest'ultima ormai ci occuperemo esclusivamente.

3. La valutazione di E_4 in funzione della distanza, cioè la determinazione della così detta curva potenziale della molecola He_2^+, richiede la valutazione degli integrali (5) e (6), ma poiché la autofunzione dell'atomo neutro di elio nello stato fondamentale, pur

---

(*) Ne "Il Nuovo Cimento" è erroneamente stampato y_8. (Nota del Curatore, si veda anche E. AMALDI, *op. cit.*)

essendo stata numericamente calcolata con notevole esattezza[10] non è suscettibile di
semplice espressione analitica, dobbiamo di necessità operare con autofunzioni imperturbate alquanto schematizzate. Potremmo ad esempio, secondo l'uso, assumere come stato
fondamentale di He il prodotto di due autofunzioni del tipo idrogeno con uno Z efficace
pari a $1{,}6 \div 1{,}7$, secondo il criterio a cui si ricorre per la determinazione; così se si vuole
che l'energia media abbia il valore migliore (minimo) bisogna porre $Z = 2 - \frac{5}{16} = 1{,}6875$;
se invece si vuole che la costante diamagnetica si accordi, così con il valore sperimentale,
come con quello fornito da accurate valutazioni[11] teoriche, bisogna assumere $Z = 1{,}60$.
Ma incertezze di maggiore gravità sono insite nella natura del metodo, il quale non è
atto a fornire che una prima alquanto rozza approssimazione. Il metodo di HEITLER e
LONDON dà infatti indicazioni inattendibili per atomi molto lontani, e non solo perché
trascura le forze di polarizzazione[12], che qui sono preponderanti, ma anche perché dà
errate, nell'ordine di grandezza e *nel segno*, le forze di risonanza. Nel caso, ad esempio,
della molecola di idrogeno, trattato da HEITLER e LONDON, l'energia di scambio diviene
positiva a grandissima distanza, poiché allora l'integrale di SUGIURA[13] prevale su tutti
gli altri, ciò che porterebbe a credere che la soluzione antisimmetrica sia più profonda di
quella simmetrica. Ma questo è da escludere in base a teoremi generali[14], e l'apparenza
contraria indica solo imperfezione del metodo. Per distanze poi dell'ordine della distanza
di equilibrio è verosimile che le autofunzioni perturbate differiscano assai sensibilmente
da quelle imperturbate, cosicché la prima approssimazione non può avere che un valore
indicativo. Per queste ragioni abbiamo creduto di procedere ad una schematizzazione
che può parere eccessiva, e che si potrebbe infatti diminuire, ma con calcoli laboriosi e di
non certa utilità. Abbiamo quindi assunto come autofunzioni dei singoli atomi, autofunzioni del tipo idrogeno, ma con uno stesso $Z = 1{,}8$, così per l'atomo neutro, come per lo
ione. Gli integrali (5) e (6) si riducono allora a integrali elementari ben conosciuti, fra
cui quello già ricordato di SUGIURA. Si trova così che la curva potenziale, presenta un
minimo quando la distanza dei nuclei ha il valore

$$d = 1{,}16$$

mentre sperimentalmente[15] $d = 1{,}087$ Å. È probabile che una più esatta valutazione
degli integrali (5) e (6) migliori il già notevole accordo fra i due valori. L'energia corrispondente risulta:

$$E_{\min} = -1{,}41 \, \text{V} = -32500 \, \text{cal.}$$

[10] J. C. SLATER, "Phys. Rev.", *32*, 349 (1928); E. HYLLERAAS, "Z. Physik", *54*, 347 (1929).
[11] J. C. SLATER, loc. cit.
[12] R. EISENSCHITZ e F. LONDON, "Z. Physik", *60*, 491 (1930).
[13] Y. SUGIURA, "Z. Physik", *45*, 484 (1927).
[14] W. HEITLER e F. LONDON, loc. cit.
[15] W. E. CURTIS e A. HARVEY, loc. cit.

Mancano in proposito dati sperimentali, e dobbiamo riguardare il valore ora citato della affinità chimica come un limite inferiore. Raccogliendo tutti gli errori del metodo nelle parole "forze di polarizzazione" si trova che queste dipendono per nuclei molto lontani dal potenziale

$$-\alpha \frac{e^2}{2R^4}$$

essendo $\alpha = 0,20 \cdot 10^{-24}$ la polarizzabilità dell'atomo neutro di elio, e se ammettiamo che tale espressione sia ancora press'a poco valida alla distanza (vera) di equilibrio, ciò che è assai dubbio, troviamo come valore presumibile dell'affinità chimica:

$$-E = 2,4\,\mathrm{V} = 55000\,\mathrm{cal.}$$

Possiamo infine calcolare il quanto iniziale d'oscillazione da

$$n = \frac{1}{2\pi c}\sqrt{\frac{1}{M_r}\left(\frac{d^2E}{dR^2}\right)_0}$$

essendo $M_r = \frac{1}{2}M_{\mathrm{He}} = 3,30 \cdot 10^{-24}$ la massa ridotta dell'oscillatore, e $\left(\frac{d^2E}{dR^2}\right)_0$ la derivata seconda della curva potenziale nel punto di equilibrio. Poiché il calcolo dà $\left(\frac{d^2E}{dR^2}\right)_0 = 3,03 \cdot 10^5\,\mathrm{erg/cm^2}$ troviamo

$$n = 1610\,\mathrm{cm}^{-1}$$

in accordo casualmente perfetto con il valore determinato sperimentalmente[16], $n = 1628\,\mathrm{cm}^{-1}$, del primo quanto di oscillazione.

* * *

Ringrazio vivamente il Prof. E. FERMI che mi è stato largo di preziosi consigli e aiuti. Ringrazio anche il Dott. G. GENTILE per l'interesse con cui ha seguito questo lavoro.

---

[16] W. WEIZEL, "Z. Physik", *56*, 727 (1929); W. E. CURTIS e A. HARVEY, loc. cit.

Commento alla Nota Scientifica n. 2: "Sulla formazione dello ione molecolare di elio".

Il secondo articolo pubblicato da Ettore Majorana nel 1931 riguarda il problema del legame chimico che, a quell'epoca, cominciava ad essere considerato. Infatti, questo lavoro appare soli quattro anni dopo la pubblicazione di un famoso articolo di Heitler e London (1927) sulla formazione della molecola di idrogeno (H_2) che rappresenta, essenzialmente, la prima descrizione quantomeccanica del legame chimico.

Sebbene l'approccio usato da Majorana, come egli stesso asserisce, è simile al metodo di Heitler e London, il suo studio sullo ione molecolare He_2^+ è molto più intrigante del caso dell'H_2. Infatti, la costruzione degli stati quantici risulta più complessa sia per il maggior numero di elettroni che per la richiesta di soddisfare al principio di esclusione di Pauli. Il numero atteso di termini è $N!$ (essendo N il numero di elettroni), perciò sei nel caso dell'He_2^+ (vedi Eq. (1) della nota originale). L'approccio di Majorana è quello di considerare l'interazione tra un atomo di elio neutro ed il suo ione (He + He^+). Per Majorana appare chiaro che una descrizione classica basata sulle sole forze di polarizzazione è inadeguata per spiegare l'affinità chimica. La ragione più profonda, come Majorana suppone, deve essere trovata nel carattere quantistico degli elettroni, e, in particolare, nella loro indistinguibilità. Majorana dice: *"Per spiegare l'affinità chimica tra He e He^+ dobbiamo invece togliere la restrizione posta e lasciare libero l'atomo neutro, di ceder quando voglia, un elettrone all'atomo ionizzato e di assumerne quindi le veci"*.

L'idea dello scambio è importante non solo per questo fondamentale problema del legame chimico: esso verrà mutuato in un contesto molto diverso riguardante le forze nucleari (forze di scambio). Majorana traduce il suo concetto in un linguaggio quantomeccanico costruendo appropriate autofunzioni in accordo con le proprietà di simmetria del sistema investigato. Majorana inizia con una semplice descrizione in termini di due specie non-interagenti (lontane): He e He^+. Le funzioni d'onda sono quelle che descrivono un atomo neutro ed il suo ione. Quando i due nuclei si avvicinano diventa necessario considerare la loro reciproca interazione. In queste condizioni le regole della meccanica quantistica giocano un ruolo cruciale perchè la funzione d'onda elettronica totale deve possedere una definita simmetria rispetto al punto medio della distanza tra i due nuclei. In modo del tutto simile al problema dell'H_2 anche in questo caso si originano due stati: lo stato $(1s\sigma)^2 \, 2p\sigma^2\Sigma$ corrispondente all'orbitale molecolare legato dell'He_2^+ e lo stato $1s\sigma \, (2p\sigma)^2 \, ^2\Sigma$ che, invece, non presenta un minimo e risulta pertanto repulsivo a tutte le distanze internucleari. È interessante notare che, sebbene l'energia media di questi due stati sia piuttosto simile al valore imperturbato, l'energia di gap è *"... di un ordine di grandezza maggiore della energia dovuta alle forze repulsive di valenza"*.

Allo scopo di calcolare la distanza di equilibrio, la relativa energia, e la frequenza di oscillazione, Majorana fa uso del principio variazionale. A tale riguardo è impressionante come egli maneggi le funzioni d'onda cercando una espressione approssimata ma allo stesso tempo con un significato fisico. Per esempio, egli fa uso di funzioni idrogenoidi ma introduce un effetto di schermaggio mediante un numero efficace della carica nucleare. I lavori di Majorana sono solitamente fortemente connessi ad osservazioni sperimentali —anche le motivazioni che hanno mosso questo lavoro prendono spunto da fatti sperimentali non ben interpretati (la struttura a banda dello spettro di emissione dell'elio)— ed i calcoli finali sono scrupolosamente confrontati con accurati dati sperimentali riportati in letteratura.

ANTONIO SASSO
Università di Napoli

On the formation of molecular helium ion(*)

Ettore Majorana

Summary. — The stability of the ion He_2^+ (**) can be studied even quantitatively with the method of Heitler and London. The results agree with the available experimental data. It appears that this compound is analogous to H_2 even though the external electron is in a different state and the internal electrons do not only have the effect of screening the nuclear charges but instead contribute effectively to the molecular construction.

The observation of Weizel and Pestel[1], Curtis and Harvey[2] and of others of the band spectrum of helium have proved that some molecular constants (oscillation quantum, moment of inertia) tend, for the higher states of the optical electron, to certain limits that can naturally be attributed to the corresponding quantities of the ion He_2^+. This proves the possible existence, at least in the ground state, of this ion to which we can[3] assign the configuration $(1s\sigma)^2 2p\sigma^2\Sigma$. Since, according to recent conclusions by W. Weizel[4], it is plausible to believe that the neutral molecule is formed from an

---

(*) Translated from "Il Nuovo Cimento", vol. 8, 1931, pp. 22-28, by P. Radicati di Brozolo.
(**) In "Il Nuovo Cimento" it is printed He_2 instead of He_2^+. (Note of the Editor, see also E. Amaldi, *op. cit.*)
[1] W. Weizel and E. Pestel, "Z. Physik", *56*, 97 (1929); W. Weizel, "Z. Physik", *56*, 727 (1929).
[2] W. Weizel, "Z. Physik", *56*, 727 (1929).
[3] W. Weizel, "Z. Physik", *59*, 320 (1930).
[4] W. Weizel, "Z. Physik", *59*, 320 (1930).

atom in the ground state and one in an excited state, we can conclude that the ion dissociates either by high energy oscillation quanta or by an adiabatic increase of the distance between the nuclei if, as we intend to do, we consider them as fixed in a neutral atom and in an ionized one, both in the ground state[5]. In this paper we want to study the reaction He + He$^+$ from the energy point of view and prove that such a reaction may lead to the formation of the molecular ion. The first order of approximation leads, both for the equilibrium distance of the nuclei and for the oscillation quanta, to values in fairly good agreement with the experimental data. The method we will follow is the one that has been originally applied by HEITLER and LONDON[6] to the study of the hydrogen molecule. We shall assume that the electronic eigenfunctions of the molecule are linear combinations of the eigenfunctions belonging to the separate atoms and we shall use them to evaluate the average value of the interaction between the two atoms. However since the two nuclei have the same charge whereas only one of the atoms is ionized, the problem as we will show is mechanically rather different from the one discussed by HEITLER and LONDON and in general from the problem that one encounters in the normal theory of the omeopolar valence[7].

1. Let us suppose that the distance between the two atoms is large and let us for the moment disregard the fact that the state in which the first atom is neutral and the second ionized and the state in which the first atom is ionized and the second neutral have the same energy and should therefore be considered together in a perturbation calculation. If we consider the *first* atom neutral and the *second* ionized, the problem is similar to that of the reaction[8] He + H; thus, since He is in a closed electronic shell, there is a unique mode of reaction. This means that the interaction between the two atoms does not arise from a separation of the terms (which satisfy PAULI'S principle); moreover the resonance forces are certainly repulsive. It is true that the polarization attractive forces are in our case different from those acting between neutral atoms; indeed whereas the first forces arise from a potential decreasing at large distances like R^{-4}, the second instead vanish more rapidly since they depend upon a potential that varies as R^{-6}. However the polarizability of the neutral He atom is very small and therefore by no means the polarization forces can alone give rise to a stable binding. To explain the chemical affinity between He and He$^+$ we must instead abandon the condition stated at the beginning and let the neutral atom free to share an electron with the ionized one and thus take its place. The net effect is to split the term resulting from the union of the

---

[5] Cfr. F. HUND, "Z. Physik", *63*, 719 (1930).

[6] W. HEITLER and F. LONDON, "Z. Physik", *44*, 455 (1927).

[7] F. LONDON, "Z. Physik", *46*, 455 (1927); *50*, 24 (1928). W. HEITLER, "Z. Physik", *46*, 47 (1927); *47*, 835 (1928). For a comprehensive review see, *e.g.*, W. HEITLER, "Phys. Z.", *31*, 185 (1930). E. A. HYLLERAAS in the study of the reaction between differently excited hydrogen atoms has found further degeneration deriving from the equality of the nuclei, "Z. Physik", *51*, 150 (1928).

[8] Cfr. G. GENTILE, "Z. Physik", *63*, 795 (1930).

two atoms, almost without changing its average value. The splitting thus depends not upon the resonance of the electrons but rather on the behaviour of the eigenfunctions under reflection with respect to the center of the molecule. The eigenfunctions may be unchanged under the above *spatial inversions* in which case we call them *even*, or may change sign, in which case we call them *odd*. We could perhaps speak of *resonance* of the nuclei, but only metaphorically and not in the proper meaning which is different, as here we consider only the electronic eigenfunctions. The splitting of the term originating from its even or odd parity is greater by an order of magnitude than the energy due to the repulsive *valence* forces. One of the two modes of reaction thus corresponds to repulsion and does not give rise to chemical binding whereas the other gives rise to an attractive force and leads to the formation of a molecular ion. We can recognize the two modes of reaction with the following considerations. Since we are dealing with three electrons we can require that two of them, which we call electron 1 and electron 2, have parallel spins. Therefore their eigenfunction must be antisymmetric in the coordinates of the first two electrons in such a way that when the nuclei are very far apart one of the electrons is certainly close to the nucleus (a) and the other close to the other nucleus (b), and they can only exchange their place simultaneously. In this case the eigenfunction in its dependence on the first two electrons changes sign. It thus follows that the electrons 1 and 2 give rise together to an odd term described by an eigenfunction that changes sign under spatial inversion. However the only individual states to be considered are those arising from the states $1s$ of the separate atoms, *i.e.* $1s\sigma$ and $2p\sigma$, the first being even and the second odd, and the electrons 1 and 2 are thus an electron $1s\sigma$ and a $2p\sigma$ one (or viceversa).

To the third electron we can assign an even eigenfunction $(1s\sigma)$ or an odd one $(2p\sigma)$, respectively resulting from the sum or the difference of the eigenfunctions of the separate atoms. In the first case we obtain the overall configuration $(1s\sigma)^2 2p\sigma^2 \Sigma$, *i.e.* the configuration that belongs to the ground state of He_2^+ and actually corresponds to an attraction between the two atoms. In the second case we would find instead the configuration $1s\sigma(2p\sigma)^2 {}^2\Sigma$ that belongs to an excited level of He_2^+ which is probably unstable and gives rise to the other mode of reaction, *i.e.* that leading to repulsion. We thus conclude that the essential cause of the instability of He_2^+ is the same which gives rise to the stability of the molecular ion of hydrogen.

2. Let us call Φ and φ the eigenfunctions of the neutral and ionized atom (a) and similarly Ψ and ψ those of atom (b). The six unperturbed eigenfunctions of the separate atoms, obtained by permutations of the electrons and exchange of the nuclei, are the following:

(1)
$$
\begin{cases}
A_1 = \varphi_1 \Psi_{23}, & B_1 = \psi_1 \Phi_{23}, \\
A_2 = \varphi_2 \Psi_{31}, & B_2 = \psi_2 \Phi_{31}, \\
A_3 = \varphi_3 \Psi_{12}, & B_3 = \psi_3 \Phi_{12}.
\end{cases}
$$

The interaction of the atoms splits the six-time–degenerate term by separating the correct zeroth approximation eigenfunctions according to the symmetry characters[9] of the electrons and according to their behaviour under spatial inversion. If we denote with $+$ the even terms and with $-$ the odd ones, the only symmetries are the following:

$$(\overline{123})^+, \quad (\overline{123})^-, \quad (\underline{123})^+, \quad (\underline{123})^-.$$

Correspondingly one obtains four terms: the first two are singlets and the last two doublets arising from a hidden degeneracy. PAULI'S principle leads to exclude the first two as they are symmetric in the three electrons; the only remaining ones are the third term which, because of its parity, corresponds to the configuration $1s\sigma(2p\sigma)^2\,^2\Sigma$, and the fourth which is for us the most interesting as it leads to the formation of He_2^+ and therefore to the configuration $(1s\sigma)^2 2p\sigma\,^2\Sigma$. The eigenfunctions of the four terms are, apart from a normalization factor:

(2)
$$
\begin{cases}
(\overline{123})^+ & y_1 = A_1 + A_2 + A_3 + B_1 + B_2 + B_3, \\
(\overline{123})^- & y_2 = A_1 + A_2 + A_3 - B_1 - B_2 - B_3, \\
(\underline{123})^+ & y_3 = A_1 - A_2 + B_1 - B_2, \\
(\underline{123})^- & y_4 = A_1 - A_2 - B_1 + B_2,
\end{cases}
$$

where we have chosen for the third and fourth term the eigenfunction antisymmetric in 1 and 2. The perturbation function is of course different for each of the unperturbed states (1) as the electrons do not appear symmetrically in the Hamiltonian of the ideally separated atoms. We thus obtain six different Hamiltonians depending on the configuration of the electrons when the atoms are separate, and only one, symmetric, when the atoms are united. In the configuration A_1 the perturbation energy is for instance expressed by

$$
H = \frac{4e^2}{R} + \frac{e^2}{r_{12}} + \frac{e^2}{r_{13}} - \frac{2e^2}{r_{1b}} - \frac{2e^2}{r_{2a}} - \frac{2e^2}{r_{3a}},
$$

where R, r_{12}, r_{13}, r_{1b}, r_{2a}, r_{3a}, are the distances of the nucleus and of the electron of the first atom from the nucleus and from the electrons of the second. The variation of a generic eigenvalue is given in first approximation by the symbolic expression

(3)
$$
E_i = \frac{\int \bar{y}_i H y_i \, d\tau}{\int \bar{y}_i y_i \, d\tau} \qquad (i = 1, 2, 3, 4).
$$

One should notice that H acts differently, as said, on the various terms which build up

---

[9] F. Hund, "Z. Physik", *43*, 788 (1927).

every y_i according to (2). Explicitly the result (3) is

(4)
$$\begin{cases} E_1 = \dfrac{I_0 + 2I_1 + 2I_2 + I_3}{1 + 2S_1 + 2S_2 + S_3}, \\[2mm] E_2 = \dfrac{I_0 - 2I_1 + 2I_2 - I_3}{1 - 2S_1 + 2S_2 - S_3}, \\[2mm] E_3 = \dfrac{I_0 - I_1 - I_2 + I_3}{1 - S_1 - S_2 + S_3}, \\[2mm] E_4 = \dfrac{I_0 + I_1 - I_2 - I_3}{1 + S_1 - S_2 - S_3}, \end{cases}$$

where

(5) $\qquad S_1 = \displaystyle\int B_2 A_1 d\tau ; \qquad S_2 = \displaystyle\int A_2 A_1 d\tau ; \qquad S_3 = \displaystyle\int B_1 A_1 d\tau ;$

(6) $\qquad I_0 = \displaystyle\int A_1 H A_1 d\tau ; \qquad I_1 = \displaystyle\int B_2 H A_1 d\tau ; \qquad I_2 = \displaystyle\int A_2 H A_1 d\tau ;$

$$I_3 = \int B_1 H A_1 d\tau .$$

If the nuclei are sufficiently (but not exceedingly) distant all the integrals I are negative and the S positive and for the order of magnitude we have:

$$-I_1 > -I_2 > -I_3 ,$$
$$S_1 > S_2 > S_3.$$

In the relations (4) we can disregard the differences between the denominators, which for large distances are close to one, as well as I_3. Then the main contributions to the energy come from the "electrostatic energy" I_0, which is common to all terms, including those not obeying Pauli's principle, and can be neglected owing to its small value, and from combinations of the "exchange energy" I_2, corresponding to valence forces, and the larger symmetry energy I_1, arising from the behaviour of each term under spatial inversion. Considering the solutions $y_3(*)$ and y_4, the only ones that have a physical meaning, and taking into account the order of magnitude and the sign of I_1 and I_2, we indeed find that $y_3(*)$ gives rise to repulsion whereas y_4 leads to formation of a molecule.

From now on we will consider only y_4.

3. The evaluation of E_4 as a function of the distance, *i.e.* the determination of the so-called potential curve of the molecule He_2^+, requires the evaluation of the integrals (5) and (6). The eigenfunction of the neutral atom of helium in its ground state has been

---

(*) In "Il Nuovo Cimento" it is erroneously printed y_8. (Note of the Editor, see also E. AMALDI, *op. cit.*)

calculated numerically with great accuracy but does not have a simple analytical expression[10]. Therefore we need to use rather simplified unperturbed eigenfunctions. For example, we could assume, as commonly done, for the helium ground state the product of two hydrogen-like eigenfunctions with an effective Z equal to $1.6 \div 1.7$, depending on the criterium used for the evaluation; if we want to optimize (minimize) the average energy, we must then set $Z = 2 - \frac{5}{16} = 1.6875$; if instead we want that the diamagnetic constant be in agreement with the experimental value and at the same time with the value provided by accurate theoretic calculations[11], we must set $Z = 1.60$. However more serious uncertainties are inherent to the nature of the method adopted, which can only lead to a first and rather rough approximation. Indeed HEITLER and LONDON's[12] method is inaccurate when the atoms are very far apart not only because it neglects the polarization forces, that in our case predominate, but also because it leads to resonance forces that are wrong both in the order of magnitude and *in the sign*. For example, in the case of the hydrogen molecule discussed by HEITLER and LONDON, the exchange energy is positive for very large distances because SUGIURA's integral[13] is larger than all the others. This would suggest that the antisymmetric solution is deeper than the symmetric one. This however must be excluded on the basis of very general theorems[14] and the apparent contradiction simply indicates the roughness of the method. For distances of the order of the equilibrium distance it is plausible that the perturbed eigenfunctions are considerably different from the unperturbed ones, so that the first approximation is nothing but an indicative value. For these reasons we have used a model that may appear too crude and that could only be improved with long calculations of doubtful significance. We have therefore assumed for the eigenfunctions of each single atom, hydrogen-like functions corresponding to the same $Z = 1.8$, both for the neutral and the ionized atom. The integrals (5) and (6) become then well-known elementary integrals, one of them being the one already mentioned given by SUGIURA. We thus find that the potential curve has a minimum when the distance between the nuclei is

$$d = 1.16$$

to be compared with the experimental value[15] $d = 1.087\,\text{Å}$. It is likely that a more exact calculation of the integrals (5) and (6) can improve the already remarkable agreement between the two values. The corresponding energy is

$$E_{\min} = -1.41\,\text{V} = -32500\,\text{cal.}$$

[10] J. C. SLATER, "Phys. Rev.", *32*, 349 (1928); E. HYLLERAAS, "Z. Physik", *54*, 347 (1929).
[11] J. C. SLATER, loc. cit.
[12] R. EISENSCHITZ and F. LONDON, "Z. Physik", *60*, 491 (1930).
[13] Y. SUGIURA, "Z. Physik", *45*, 484 (1927).
[14] W. HEITLER and F. LONDON, loc. cit.
[15] W. E. CURTIS and A. HARVEY, loc. cit.

In this respect there are no experimental data and we must consider this value of the chemical affinity as a lower limit. Including all the errors of the method under the expression "polarization forces", we find that for very distant nuclei these depend on the potential

$$-\alpha \frac{e^2}{2R^4} \,,$$

where $\alpha = 0.20 \cdot 10^{-24}$ is the polarizability of neutral helium. If we assume this expression to be still approximately valid for the (true) equilibrium distance, which is rather implausible, we find that the chemical affinity is presumably

$$-E = 2.4\,\mathrm{V} = 55000\,\mathrm{cal}.$$

Finally we can calculate the initial oscillation quantum from:

$$n = \frac{1}{2\pi c} \sqrt{\frac{1}{M_r} \left(\frac{d^2 E}{dR^2}\right)_0} \,,$$

where $M_r = \frac{1}{2} M_{\mathrm{He}} = 3.30 \cdot 10^{-24}$ is the reduced mass of the oscillator and $(\frac{d^2 E}{dR^2})_0$ is the second derivative of the potential curve at the equilibrium point. Since the calculation gives $(\frac{d^2 E}{dR^2})_0 = 3.03 \cdot 10^5 \,\mathrm{erg/cm^2}$, we find

$$n = 1610\,\mathrm{cm}^{-1}$$

which is, quite by chance, in perfect agreement with the experimentally determined value[16], $n = 1628\,\mathrm{cm}^{-1}$, of the first oscillation quantum.

* * *

I very much thank Professor E. FERMI who has given me some precious suggestions and help and Dr G. GENTILE for the interest he has shown in this work.

---

[16] W. WEIZEL, "Z. Physik", 56, 727 (1929); W. E. CURTIS and A. HARVEY, loc. cit.

Comment on the Scientific Paper no. 2: *"On the formation of molecular helium ion".*

The second paper published by Ettore Majorana in 1931 concerns the question of the chemical bond that at that time was beginning to be posed. Indeed this paper appears only four years after the publication of a famous work by Heitler and London (1927) on the formation of the H_2 molecule, essentially the first quantum-mechanical description on the chemical bond.

Although the approach used by Majorana, as he himself stated, is similar to Heitler and London's method, his study on the molecular ion He_2^+ is quite more intriguing than the case of H_2. Indeed the construction of the quantum states results more complicated either for the larger number of electrons or for the requirements of the Pauli exclusion principle. The expected number of terms is $N!$ (N being the number of electrons), therefore they are six in the case of He_2^+ (see Eq. (1) of the original paper). Majorana feels that the right approach is to consider the interaction between a helium atom and its ion ($He + He^+$). To him it appears clear that a classical picture solely based on polarization forces is inadequate to explain the chemical affinity. The true reason, as Majorana guesses, has to be found in the quantum character of the electrons, and, in particular, in their indistinguishability. Majorana says: *"To explain the chemical affinity between* He *and* He$^+$ *we must instead abandon the condition stated at the beginning and let the neutral atom free to share an electron with the ionized one and thus take its place".*

The idea of the *exchange* is important, not only for this fundamental problem of the chemical bond: it will be applied in a completely different context concerning nuclear forces (exchange forces). Majorana translates his concept in a quantum-mechanical language by constructing appropriate eigenfunctions in accordance with the symmetry properties of the investigated system. Majorana starts with a simple description in terms of two non-interacting (far away) species: He and He^+. The wave functions are those for a neutral helium atom and its ion. When the two nuclei approach each other it becomes necessary to take into account their reciprocal interaction. Under these conditions the quantum-mechanical rules play a crucial role because the total electronic wave function must show a definite symmetry with respect to the midpoint of the internuclear line. As for the case of H_2 two molecular states are similarly originated: the state $(1s\sigma)^2 \, 2p\sigma \,\, ^2\Sigma$ corresponding to the bonding molecular orbital of He_2^+ and the state $1s\sigma(2p\sigma)^2 \,\, ^2\Sigma$ which, in contrast, has no minimum and is repulsive at all internuclear distances. It is interesting to note that, although the average energy of these two states is quite close to the unperturbed value, the energy gap is *"greater by an order of magnitude than the energy due to the repulsive valence forces".*

In order to calculate the equilibrium distance, the corresponding energy difference, and the oscillation frequency, Majorana makes use of the variational principle. With regard to this point, it is impressive how Majorana handles the wave functions searching for easier but at the same time physically meaningful expressions. For instance, he makes use of hydrogenoid functions but introduces a screening effect by means of an effective nuclear charge. Majorana's works are usually strongly connected to experimental observations —also the motivations that inspired this paper originate from a not well interpreted experimental phenomenon (the band structure in the helium emission spectrum)— and his final calculations are compared scrupolously to very accurate experimental data available in the literature.

ANTONIO SASSO
Università di Napoli

NOTA SCIENTIFICA n. 3 — SCIENTIFIC PAPER no. 3

I presunti termini anomali dell'elio

Nota di Ettore Majorana

"Il Nuovo Cimento", vol. 8, 1931, pp. 78-83.

Sunto. — Due nuove righe dell'elio mettono capo secondo P. Gerald Krüger ai termini anomali $(2p)^2\,{}^3P_{012}$ e $(2s)^2\,{}^1S_0$. Il calcolo dell'energia e considerazioni di stabilità parlano a favore della prima interpretazione. La spiegazione della seconda riga è invece certamente erronea per ragioni energetiche, e appare inoltre improbabile che questa riga sia dovuta all'elio atomico.

Un notevole lavoro di Krüger[1] ha portato alla scoperta di due nuove righe dell'elio, $\lambda = 320{,}4\,\text{Å}$ e $\lambda = 357{,}5\,\text{Å}$, le quali non sono combinazioni di termini conosciuti. L'Autore interpreta la prima come transizione dal termine normale $1s2p\,{}^3P_{012}$ a un termine accentato $2p2p\,{}^3P_{012}$ donde sorgerebbe un vero gruppo pp' analogo a quelli noti in Zn, Cd e Hg ma qui di difficile risoluzione perché troppo serrato; per la seconda suggerisce $1s2s\,{}^1S_0$-$2s2s\,{}^1S_0$. Entrambi questi presunti nuovi termini $2p2p\,{}^3P_{012}$ e $2s2s\,{}^1S_0$ sono assai più alti del limite normale di He ed è quindi energeticamente possibile la ionizzazione spontanea (effetto Auger) di atomi che si trovino in tali stati, liberandosi un elettrone con determinata energia cinetica e cadendo l'altro nell'orbita $1s$. Tuttavia non è sempre sufficiente che l'energia di un termine cada nel campo dello spettro continuo perché abbia luogo l'effetto Auger, con conseguente riduzione della vita dello stato quantico e indeterminazione dell'energia; possono in certi casi ostare ragioni di simmetria che vietano

---

[1] P. Gerald Krüger, "Phys. Rev.", *36*, 855 (1930).

rigorosamente transizioni da termini *negativi*, cioè più alti del potenziale di ionizzazione a termini dello spettro continuo, se per la conservazione dell'energia si deve richiedere che essi corrispondano a un elettrone libero e allo ione in uno stato *determinato*.

È questo appunto il caso per il termine $2p2p\,^3P_{012}$ dell'elio e in genere per la massima parte dei termini anomali negativi fin qui osservati e la cui interpretazione non è controversa. Al contrario il termine $2s2s\,^1S_0$ di cui Krüger postula l'esistenza, dovrebbe dar luogo ad un effetto Auger assai marcato, il cui ordine di grandezza è stato stimato da Wentzel[2] e particolarmente da Fues[3], e tale da rendere perfettamente osservabile l'allargamento del termine, o meglio estremamente difficile l'individuazione spettroscopica di quest'ultimo. Questa obbiezione contro l'osservabilità del termine $2s2s\,^1S_0$ dell'elio non è peraltro decisiva; in realtà i due termini $2s2s\,^1S_0$, e $2p2p\,^1S_0$, che hanno gli stessi caratteri di simmetria, non esistono separatamente nell'elio perché la loro mutua influenza è dell'ordine di grandezza della loro separazione e tale sarebbe in qualunque atomo del tipo di elio, anche per $Z \to \infty$. Come combinazione di $2s2s\,^1S_0$ e $2p2p\,^1S_0$ risultano due termini (nel seguito chiamati X e Y) il più profondo dei quali (X) derivando in modo prevalente da $2s2s\,^1S_0$ può assai impropriamente indicarsi con lo stesso simbolo; l'interazione dei due elettroni in questo stato è anormalmente piccola poiché anche in approssimazione nulla (per $Z \to \infty$) essi tendono a stare in posizioni diametralmente opposte rispetto al nucleo, ed è bene possibile che l'effetto Auger sia qui assai più debole di quello calcolato da Fues per l'inesistente termine $2s2s\,^1S_0$.

Ma contro l'interpretazione proposta da Krüger per la riga $\lambda = 375,5$ stanno obbiezioni di altra natura; le considerazioni che seguono tendono anzi ad escludere che questa riga sia dovuta all'elio atomico, poiché la spiegazione $1s2s\,^1S_0$-$2s2s\,^1S_0$ è inammissibile per ragioni energetiche, e le altre poche che si possono immaginare compatibilmente con la frequenza della riga sono inverosimili per diverse ragioni. Al contrario nessuna obbiezione può muoversi all'interpretazione della $\lambda = 320,4$ come $1s2p\,^3P_{012}$-$2p2p\,^3P_{012}$; anche il valore teorico dell'energia di $2p2p\,^3P_{012}$ che si calcola facilmente con un errore stimato dell'1% si accorda perfettamente con quello sperimentale.

1. Se si trascura l'interazione e le correzioni di relatività e si prescinde dalle variabili di *spin*, da due orbite di quanto totale 2 deriva in campo coulombiano un termine multiplo 16 volte, poiché ogni elettrone può porsi nelle orbite $2s$ o $2pm$ ($m = 1, 0, -1$); la matrice di perturbazione dovuta all'interazione si lascia spezzare in matrici di grado 1 e 2, poiché possiamo separare a priori stati con simmetria differente. Si possono così costruire razionalmente come combinazione delle autofunzioni imperturbate quelle degli stati $2s2p\,^3P$, $2s2p\,^1P$, $2p2p\,^1D$, $2p2p\,^3P$, $2p2p\,^1S$, $2s2s\,^1S$ e per tutti i valori permessi del quanto magnetico; ad eccezione degli ultimi due tutti questi stati hanno qualche carattere di simmetria diverso rispetto allo scambio degli elettroni (singoletti e tripletti) o alle rotazioni spaziali (quanto azimutale) o assiali (quanto magnetico) o alla riflessione

---

[2] G. Wentzel, "Z. Physik", *43*, 524 (1927).
[3] E. Fues, "Z. Physik", *43*, 726 (1927).

nel centro di forza (termini pari e dispari).

Gli ultimi due, $2p2p\,^1S$ e $2s2s\,^1S$ hanno invece la stessa simmetria. Corrispondentemente si otterranno da un'equazione quadratica le autofunzioni corrette e gli autovalori di prima approssimazione di due stati X e Y che sono combinazioni lineari di $2s2s\,^1S$ e $2p2p\,^1S$ mentre gli autovalori degli altri stati sono esprimibili razionalmente mediante gli elementi della matrice di perturbazione.

Per un atomo di numero Z con due soli elettroni nelle orbite suddette l'energia è in approssimazione nulla: $\frac{W}{Rh} = -2\frac{Z^2}{2^2} = -\frac{Z^2}{2}$, in prima approssimazione sarà $\frac{W}{Rh} = -\frac{Z^2}{2} + aZ$ poiché l'interazione cresce come Z. La seconda approssimazione può in parte valutarsi con il metodo della variazione dell'unità di lunghezza[4] che è qui equivalente all'assunzione di autofunzioni del tipo idrogeno con un opportuno Z^*; con questo metodo otteniamo in generale per i termini che ci interessano, in luogo di $\frac{W}{Rh} = -\frac{Z^2}{2} + aZ$ l'espressione più corretta:

$$(1) \qquad \frac{W}{Rh} = -\frac{Z^2}{2} + aZ - \frac{a^2}{2},$$

che corrisponde a $Z^* = Z - a$. I valori di a e i termini calcolati secondo la (1) per l'elio e riferiti all'atomo doppiamente ionizzato sono:

(2)

	a	$v\,\mathrm{cm}^{-1}$
$Y\,^1S$	$\dfrac{47 + \sqrt{241}}{128}$	125300
$2s2p\,^1P$	$\dfrac{49}{128}$	143500
$2p2p\,^1D$	$\dfrac{237}{640}$	145700
$2p2p\,^3P$	$\dfrac{21}{64}$	153300
$2s2p\,^3P$	$\dfrac{17}{64}$	165000
$X\,^1S$	$\dfrac{47 - \sqrt{241}}{128}$	168800.

Prima di discutere la precisione di questo metodo dobbiamo premettere alcune considerazioni sulla stabilità dei termini, poiché termini instabili non appartengono a livelli energetici esattamente determinati. Negli atomi complessi i termini possono dividersi in due classi da tempo riconosciute sperimentalmente, poiché per i passaggi radiativi fra termini appartenenti alla stessa classe vale la regola di selezione $\Delta L = \pm 1$, mentre per le intercombinazioni $\Delta L = 0$ (regola di LAPORTE nel caso di accoppiamento normale).

---

[4] Cfr. V. FOCK, "Z. Physik", *63*, 855 (1930).

I termini della prima classe (termini *normali* nel senso di WIGNER([5])) sono pari o dispari (cioè non cambiano o cambiano segno per riflessione nel nucleo) secondo che L è pari o dispari; i termini della seconda (termini *riflessi*, secondo WIGNER) sono pari con quanto azimutale dispari o dispari con quanto azimutale pari. Nell'idrogeno o in atomi con più elettroni, se tutti ad eccezione di uno si trovano in orbite s, sono presenti soltanto termini *normali* nel senso spiegato. I termini della tabella (2) se sono instabili devono dar luogo a transizioni spontanee a stati con un elettrone in un'orbita iperbolica e l'altro nello stato fondamentale $1s$ e quindi a stati con simmetria normale; e poiché senza intervento della radiazione i caratteri di simmetria sono inalterabili dipendendo da costanti del movimento, concludiamo che dei termini (2) sono stabili i termini riflessi, instabili per effetto AUGER i termini normali, almeno nell'approssimazione non relativistica.

Ora il solo termine riflesso fra quelli riportati nella tabella è il termine $2p2p\,^3P$ che è pari e ha quanto azimutale dispari, e in conseguenza è il solo che abbia un'energia rigorosamente determinata, sempre a prescindere dall'accoppiamento con il campo di radiazione; tutti gli altri termini hanno una larghezza apprezzabile dell'ordine presumibile di alcune centinaia di cm^{-1}.

2. La precisione della (1) è differente per i vari termini considerati. Per il termine $2p2p\,^3P$ che è il più profondo dei termini riflessi, la determinazione dell'energia con metodi variazionali è un problema di minimo assoluto se le funzioni approssimanti hanno la giusta simmetria; segue che il valore del termine riportato in (2) rappresenta un limite inferiore e possiamo presumere che l'errore relativo non sia molto diverso da quello che si commette calcolando con lo stesso metodo il termine fondamentale $1s1s\,^1S$, poiché si tratta in entrambi i casi di due elettroni in orbite equivalenti di quanto radiale nullo e inoltre il valore relativo dell'interazione rispetto alla grandezza del termine e conseguentemente la correzione relativa dovuta alla variazione dell'unità di lunghezza sono nei due casi poco diversi. Ora per lo stato fondamentale si trova con questo metodo $-\frac{W}{Rh} = \frac{729}{128} = 5{,}695$ mentre empiricamente, e anche teoricamente secondo i calcoli di HYLLERAAS, $-\frac{W}{Rh} = 5{,}807$ con una differenza di meno del 2%; ammettendo nel nostro caso un errore relativo identico troviamo come valore probabile del termine $2p2p\,^3P$: $156350\,\mathrm{cm}^{-1}$ sotto il limite di He$^+$, cifra effettivamente assai prossima al dato sperimentale se l'interpretazione della $\lambda = 320{,}4$ è corretta ($156000\,\mathrm{cm}^{-1}$).

Per quanto riguarda gli altri termini (2) la loro determinazione non è un problema di minimo assoluto perché esistono infiniti stati più profondi e infiniti più elevati aventi gli stessi caratteri di simmetria; per questo può aver luogo una parziale compensazione di errori; oltre a ciò questi termini sono "ottusi" non hanno cioè una energia esattamente determinata e il loro calcolo, come quello che ho tentato per il termine X e che ricorderò più avanti, ha senso solo se non si spinge troppo oltre l'approssimazione. Ritengo che i valori dei termini riportati in (2) oltre a quello di $2p2p\,^3P$ non siano più errati di qualche migliaio di cm^{-1} per i più profondi (X e $2s2p\,^3P$) e di non molte migliaia per i più

([5]) E. WIGNER, "Z. Physik", *43*, 624 (1927).

alti. Stando così le cose l'attribuzione della $\lambda = 357,5$ all'elio diventa problematica. Secondo l'interpretazione proposta da Krüger il termine $2s2s\,^1S$ o meglio il termine X starebbe circa $191000\,\mathrm{cm}^{-1}$ sotto il limite di He^+ e questo valore è esageratamente lontano da quello teorico([6]). A fine di esaminare le altre possibili interpretazioni, osserviamo che questa riga per la sua posizione dovrebbe risultare dalla combinazione di un termine ordinario dell'elio neutro e di un termine anomalo; d'altra parte lo spettro discreto dell'elio neutro, escluso lo stato fondamentale che non può entrare in gioco, sta fra circa 439000 e $470000\,\mathrm{cm}^{-1}$ sotto il limite di He^+ e poiché la frequenza della riga discussa è di circa $280000\,\mathrm{cm}^{-1}$ dovrebbe esserne responsabile un termine anomalo posto fra 159000 e $197000\,\mathrm{cm}^{-1}$ sotto il solito limite. Ora i soli che soddisfino a questa condizione fra i termini ricordati, e non è il caso di prenderne in esame altri che derivino da orbite differenti e sono certamente troppo piccoli, sono il termine X e il termine $2s2p\,^3P$. Che la riga $\lambda = 357,5$ sia combinazione del termine $2s2p\,^3P$ e di un termine normale è ben poco probabile, poiché l'ultimo dovrebbe avere almeno quanto totale 4 e sarebbe strano che combinazioni con termini più profondi non fossero state osservate; mi limito ad indicare come possibile questa interpretazione se sicuri indizi sorgeranno che questa riga sia dovuta all'elio atomico. Quanto al termine X, esso potrebbe fornire per la spiegazione della $\lambda = 357,5$ una combinazione con un termine normale di quanto totale 3 e la più probabile, perché la sola che soddisfa alle regole di selezione, sarebbe X-$1s3p\,^1P$; in questa ipotesi il valore del termine X sarebbe di circa $171300\,\mathrm{cm}^{-1}$ cioè non eccessivamente discosto da quello indicato nella tabella. Assumendo come autofunzione per lo stato X:

$$[\alpha + \beta(r_1 + r_2) + \gamma r_1 r_2 + \delta(x_1 x_2 + y_1 y_2 + z_1 z_2)]e^{-\varepsilon(r_1 + r_2)}$$

che si riduce all'autofunzione imperturbata per certi valori delle costanti, e determinando invece queste con il metodo variazionale, il valore del termine X risulta di circa $168500\,\mathrm{cm}^{-1}$ cioè ben poco diverso da quello calcolato mediante la (1), benché il numero di parametri sottoposti a variazione sia ora notevolmente maggiore, e ancor meno in accordo con l'ipotesi $1s3p\,^1P$-X. E poiché questa è per suo conto scarsamente verosimile anche per l'assenza della riga $1s2p\,^1P$-X e le altre possibili interpretazioni non esaminate partitamente sono anche più decisamente da rigettare, concludiamo che l'attribuzione della riga $\lambda = 357,5$ all'elio è ancora dubbia benché gli accorgimenti sperimentati sembrino garantirla; e non può sostenersi senza ulteriori ricerche.

([6]) Una diversa valutazione riferita dall'Autore non sembra corretta.

Commento alla Nota Scientifica n. 3 : *"I presunti termini anomali dell'elio".*

In questa Nota, pubblicata su "Il Nuovo Cimento" nel 1931, E. Majorana svolge il calcolo di alcuni livelli doppiamente eccitati dell'atomo di elio. Egli era motivato da un recente lavoro di P. G. Krüger che l'anno precedente aveva osservato delle righe sconosciute e le aveva attribuite allo spettro dell'elio[1]. Secondo Krüger, queste righe con lunghezza d'onda di 32,04 nm e 35,75 nm mettevano capo a termini doppiamente eccitati poiché corrispondenti rispettivamente alle transizioni $1s2p\ {}^3P - 2p2p\ {}^3P$ e $1s2s\ {}^1S - 2s2s\ {}^1S$.

Majorana considera tutti i livelli dell'elio la cui configurazione elettronica si ottiene da due orbite idrogenoidi con numero quantico principale $n = 2$ e include la mutua interazione dei due elettroni come una perturbazione. I livelli, classificati in base al momento angolare totale, allo spin ed alla parità, sono: $2s2s\ {}^1S$, $2s2p\ {}^3P$, $2p2p\ {}^3P$, $2p2p\ {}^1D$, $2s2p\ {}^1P$, $2p2p\ {}^1S$. In realtà, come Majorana nota esplicitamente, il primo e l'ultimo termine, avendo la medesima simmetria, sono mescolati dall'interazione Coulombiana degli elettroni e danno origine a due termini misti, denominati X e Y. Le energie dei livelli sono valutate mediante un procedimento variazionale e l'errore atteso viene stimato calcolando anche l'energia dello stato fondamentale, che era già nota con precisione dai lavori di Hylleraas. Majorana sapeva bene che nell'elio tutti i livelli doppiamente eccitati si trovano nello spettro continuo, ovvero hanno un'energia superiore allo stato formato dallo ione He$^+$ e da un elettrone libero. Di conseguenza tutti i livelli doppiamente eccitati hanno energia sufficiente per la ionizzazione spontanea, altrimenti nota come effetto Auger. In generale, i livelli che effettivamente sono passibili di ionizzazione spontanea sono talmente instabili, quindi indeterminati in energia, da non dar luogo a transizioni radiative con righe strette come quelle osservate da Krüger. Facendo ricorso a considerazioni di simmetria, Majorana deduce che solo il livello $2p2p\ {}^3P$ è propriamente stabile. Tale termine risulta stabile perché "riflesso", ovvero tale per cui una trasformazione di parità moltiplica la funzione d'onda per $(-1)^{L+1}$ dove L indica il momento angolare totale, invece che per $(-1)^L$ come accade per i termini "normali". In effetti, a meno che non intervenga un campo elettromagnetico, sono proibite le transizioni tra stati "riflessi" e "normali", quali sono gli stati ionizzati. Dello stato $2s2s\ {}^1S$ (X) Majorana ipotizza che, anche se instabile, possa avere una vita media molto più lunga degli altri livelli. L'attribuzione di Krüger della riga a 35,75 nm non si può dunque scartare solo perché mette capo al termine $2s2s\ {}^1S$ (X) ma richiede un supplemento d'indagine.

---

[1] P. G. KRÜGER, *Phys. Rev.* **36** (1930) 855.

Per valutare l'identificazione proposta da Krüger, Majorana passa a confrontare i numeri d'onda delle righe con i risultati dei suoi calcoli. Egli ritiene corretta l'attribuzione della riga a 32,04 nm ed improbabile quella della riga a 35,75 nm. Infatti la prima implica che il livello $2p2p\ ^3P$ giaccia 156000 cm^{-1} sotto il limite dell'atomo doppiamente ionizzato He^{++}, in buon accordo con il valore calcolato (156350 cm^{-1}). La seconda attribuzione invece situa il termine $2s2s\ ^1S\ (X)$ 191000 cm^{-1} al di sotto del limite dell'He^{++}, troppo discosto dal valore di 168800 cm^{-1} ricavato da Majorana. Non trovando termini adeguati, egli anzi dubita che la riga a 35,75 nm appartenga davvero allo spettro dell'elio.

Di questa Nota colpisce come Majorana faccia ricorso alle proprietà di simmetria dei livelli sotto rotazioni, scambio degli elettroni e parità. Un tale approccio, precursore dell'importanza che le simmetrie hanno assunto nella fisica moderna, era certamente insolito nel 1930. Infatti, nell'introduzione al suo fondamentale volume *Gruppentheorie und Quantenmechanik* del 1931 H. Weyl notava come la teoria delle rappresentazioni dei gruppi si stava appena facendo strada nella fisica.

Forse perché pubblicato in italiano, questo articolo di E. Majorana non sembra aver ricevuto l'attenzione che merita dato che solo pochi anni dopo Fender *et al.*[2], Ta-You Wu[3] e Wilson[4] affrontano il medesimo problema senza far cenno a Majorana. Fender *et al.* e Wilson raggiungono la medesima conclusione di Majorana riguardo alla riga a 35,75 nm, mentre Wu, sebbene di fronte ad una discrepanza del 3,4%, appoggia parzialmente ("a partial support") l'attribuzione di Krüger[*]. In seguito i livelli doppiamente eccitati sono stati studiati da svariati autori, tra i quali ricordiamo U. Fano che in relazione a tale problema elaborò la sua famosa teoria delle forme di riga di uno stato discreto accoppiato ad un insieme continuo di stati[5]. Recentemente, E. Lindroth ha ricalcolato le energie dei termini considerati da Majorana, trovando valori sistematicamente più in basso, con differenze variabili tra l'1% e il 9%[6]. Le larghezze dei livelli riportate da Lindroth confermano l'ipotesi di Majorana che la vita media del livello $2s2s$ $^1S\ (X)$ fosse più lunga degli altri, ma essa risulta comunque troppo breve per dar luogo a righe ben definite.

Dopo 75 anni dalla pubblicazione della Nota, osserviamo quanto sia stato condiviso l'interesse di Majorana per lo spettro dell'elio. Nel 1929 il primo fondamentale contributo alla teoria atomica venne da E. Hylleraas, che escogitò uno specifico insieme di funzioni d'onda particolarmente adatto al calcolo variazionale[7]. In seguito, negli anni Sessanta,

---

[2] F. G. Fender e J. P. Vinti, *Phys. Rev.* **46** (1934) 77.

[3] Ta-You Wu, *Phys. Rev.* **46** (1934) 239.

[4] Wm. S. Wilson, *Phys. Rev.* **48** (1935) 536.

[*] L'anno seguente, nel 1935, Ta-You Wu evidenziò un errore del 19% nei suoi calcoli, corretto il quale, l'accordo con Krüger diventò insostenibile. Ha quindi dell'ironico la circostanza riferita da U. Fano a E. Amaldi, secondo cui il lavoro di Wu era citato di frequente e quello di Majorana ignorato.

[5] U. Fano, *Phys. Rev.* **124** (1961) 1866.

[6] E. Lindroth, *Phys. Rev.* **49** (1994) 4473.

[7] E. A. Hylleraas, *Z. Phys.* **54** (1929) 347.

C. L. Pekeris e collaboratori diedero nuovo impulso alla determinazione dei livelli, anche grazie all'uso dei computer[8]. Infine, ultimo in ordine di tempo, il lavoro di G. W. F. Drake[9] ha fatto compiere un ulteriore balzo in avanti alla precisione dei calcoli variazionali, spingendo la precisione degli autovalori dell'equazione di Schrödinger fino a 10^{-15}. Oggi, lungi dall'essersi esaurito, l'interesse per l'elio si concentra su aspetti differenti. Dal momento che l'equazione di Schrödinger si può considerare praticamente risolta, la teoria atomica si focalizza sulle correzioni ai livelli dovute ad effetti relativistici, di rinculo e di elettrodinamica quantistica. Attualmente il compito più arduo consiste nel derivare tutti gli operatori di perturbazione ad ordini successivi nella costante di struttura fine α e nel rapporto m/M tra le masse dell'elettrone e del nucleo. Una volta ottenuti gli operatori, le correzioni ai livelli vengono valutate prendendone i valori di aspettazione rispetto alle funzioni d'onda variazionali dell'equazione di Schrödinger. Le energie così calcolate si confrontano con le frequenze delle transizioni misurate mediante spettroscopia laser con precisione che arriva a 10^{-11}. Inoltre di grande importanza è la struttura fine dei livelli dell'elio. Grazie a numerose cancellazioni, le separazioni di struttura fine sono meno affette da contributi incerti. Dal confronto con le misure, attualmente accurate fino a 0,03 ppm, si prospetta quindi la possibilità di determinare la costante di struttura fine α[10].

È noto quanto Majorana fosse prudente, addirittura restio, a pubblicare gli esiti del suo lavoro. L'influenza che egli ha saputo esercitare sulla fisica moderna con soli 9 articoli testimonia certo profondità d'ingegno, ma anche lungimiranza. A proposito dell'elio, trattandosi di un sistema non risolvibile esattamente, potremmo parafrasare A. Schwalow, secondo cui una molecola biatomica era una molecola con un atomo di troppo, per dire che due elettroni sono già troppi. A ben vedere però, proprio qui risiede l'origine dell'interesse che questo atomo ha suscitato in E. Majorana e continua a suscitare tuttora nella ricerca teorica e sperimentale.

Massimo Inguscio
Università di Firenze

Francesco Minardi
Università di Firenze

[8] Y. Accad, C. L. Pekeris e B. Schiff, *Phys. Rev.* **4** (1971) 516.
[9] Per una rassegna vedi G. W. F. Drake, in *Atomic, Molecular and Optical Physics Handbook*, a cura di G. W. F. Drake (AIP Press, New York) 1996, p. 154, e bibliografia ivi compresa.
[10] P. J. Mohr e B. Taylor, *Rev. Mod. Phys.* **77** (2002) 1.

On the possible anomalous terms of helium(*)

Ettore Majorana

Summary. — According to P. Gerald Krüger two new lines of helium originate from the anomalous terms $(2p)^2\,{}^3P_{012}$ and $(2s)^2\,{}^1S_0$. Energy calculation together with stability considerations favour the interpretation of the first line. The explanation of the second line is almost certainly erroneous for energy reasons and because it appears improbable that this line should be attributed to atomic helium.

A remarkable paper by Krüger[1] has led to the discovery of two new lines of helium, $\lambda = 320.4$ Å and $\lambda = 357.5$ Å, which do not arise from combinations of known terms. The Author interprets the first line as a transition from the normal term $1s2p\,{}^3P_{012}$ to a primed term $2p2p\,{}^3P_{012}$. From the latter there would arise a true group pp' similar to those that are known in Zn, Cd and Hg; the resolution within the group is difficult because the levels are very close. For the second line the Author suggests the transition $1s2s\,{}^1S_0$-$2s2s\,{}^1S_0$. Both these suggested new terms $2p2p\,{}^3P_{012}$ and $2s2s\,{}^1S_0$ have energy higher than the normal limit for He. It is therefore energetically possible that atoms undergo spontaneous ionization (Auger effect) with emission of an electron having the appropriate kinetic energy whereas the other electron falls into the orbit $1s$. However, for the Auger effect to occur, it is not always sufficient that the energy of one term lie in the continuous spectrum leading to a reduction of the lifetime of the quantum state and to an uncertainty in the energy. In some cases symmetry considerations may forbid

---

(*) Translated from "Il Nuovo Cimento", vol. 8, 1931, pp. 78-83, by P. Radicati di Brozolo.
(1) P. Gerald Krüger, "Phys. Rev.", *36*, 855 (1930).

transitions from *negative* terms (*i.e.* terms higher than the ionization potential) to terms in the continuous spectrum. This may happen if to conserve energy we must require that they correspond to a free electron and to an ion in a *definite* state.

This is the case for the term $2p2p\,^3P_{012}$ of helium and in general for the largest part of anomalous negative terms that have been observed till now and whose interpretation is not controversial. On the contrary the term $2s2s\,^1S_0$ postulated by KRÜGER would give rise to an easily observable AUGER effect whose order of magnitude, estimated by WENTZEL[2] and in particular by FUES[3], would make the widening of the terms perfectly observable or, which is equivalent, would make it extremely difficult to identify spectroscopically the latter. However, the argument against the observability of the term $2s2s\,^1S_0$ of helium is not totally convincing. In reality the two terms $2s2s\,^1S_0$ and $2p2p\,^1S_0$ with the same symmetry do not exist separately in helium because their mutual interaction is of the same order of magnitude as their separation. The situation would remain the same in any helium-like atom even for $Z \to \infty$. Combining the two levels $2s2s\,^1S_0$ and $2p2p\,^1S_0$, we obtain two terms (in the following denoted by X and Y). The lower one (X), coming predominantly from $2s2s\,^1S_0$ will be denoted with the same symbol. The interaction of the two electrons in this state is abnormally small because even in the zeroth approximation (for $Z \to \infty$) they tend to remain diametrically opposite with respect to the nucleus. It is quite possible that in this case the AUGER effect be much smaller than the effect calculated by FUES for the non-existing term $2s2s\,^1S_0$.

Against the interpretation suggested by KRÜGER for the line $\lambda = 375.5$ there are problems of a different nature. Indeed the following considerations tend to exclude that this line should be attributed to atomic helium, since the transition formula is excluded by energy considerations and the few others that one can envisage and are compatible with the line's frequency are unlikely for several reasons. On the other hand, none of these objections contradicts the interpretation of the line $\lambda = 320.4$ as due to the transition $1s2p\,^3P_{012}$-$2p2p\,^3P_{012}$. Also the theoretical value of the energy of $2p2p\,^3P_{012}$ that can easily be calculated with an error of 1% is in perfect agreement with the experimental observation.

1. If we neglect the interaction and the relativistic corrections and we disregard the spin variables, from two orbits with total quantum number 2, we obtain in a Coulomb field a term with a sixteen-fold degeneracy, since each electron can be in the orbit $2s$ or $2pm$ ($m = 1$, 0, -1). The perturbation matrix due to the interaction can be split into matrices of degree 1 and 2 as we can *a priori* separate states with different symmetry. We can thus reasonably build as combinations of unperturbed eigenfunctions those of the states $2s2p\,^3P$, $2s2p\,^1P$, $2p2p\,^1D$, $2p2p\,^3P$, $2p2p\,^1S$, $2s2s\,^1S$ for all the allowed values of the magnetic quantum. All these states, with the exception of the last two, have at least some different symmetry characters arising from the different behaviour of the

[2] G. WENTZEL, "Z. Physik", *43*, 524 (1927).
[3] E. FUES, "Z. Physik", *43*, 726 (1927).

states under the exchange of the electrons (singlets and triplets), or under space rotations (azimuthal quantum) or axial rotations (magnetic quantum), or under reflection in the center of mass (even or odd terms).

The last two terms $2p2p\,{}^1S$ and $2s2s\,{}^1S$ have instead the same symmetry. Correspondingly, we can get the correct eigenfunctions and the first-approximation eigenvalues from a quadratic equation for the first states X and Y that are linear combinations of $2s2s\,{}^1S$ and $2p2p\,{}^1S$; the eigenvalues of the other terms can instead be expressed from the elements of the perturbation matrix.

For an atom with charge number Z with only two electrons in the above specified orbits, the energy in the zeroth approximation is $\frac{W}{Rh} = -2\frac{Z^2}{2^2} = -\frac{Z^2}{2}$; in the first approximation it will be $\frac{W}{Rh} = -\frac{Z^2}{2} + aZ$ since the interaction increases as Z. The second approximation can be evaluated with the method of the variation of the unit of length([4]) that is here equivalent to assuming hydrogen-like eigenfunctions with an effective Z^*. With this method we obtain in general for the terms under consideration instead of $\frac{W}{Rh} = -\frac{Z^2}{2} + aZ$ the more correct expression

$$(1) \qquad\qquad \frac{W}{Rh} = -\frac{Z^2}{2} + aZ - \frac{a^2}{2},$$

which corresponds to $Z^* = Z - a$. The values of a and the terms calculated according to formula (1) for helium corresponding to the doubly ionized atom are:

$$(2) \qquad
\left\{
\begin{array}{ccc}
 & a & v\ \mathrm{cm}^{-1} \\[4pt]
Y\,{}^1S & \dfrac{47 + \sqrt{241}}{128} & 125300 \\[12pt]
2s2p\,{}^1P & \dfrac{49}{128} & 143500 \\[12pt]
2p2p\,{}^1D & \dfrac{237}{640} & 145700 \\[12pt]
2p2p\,{}^3P & \dfrac{21}{64} & 153300 \\[12pt]
2s2p\,{}^3P & \dfrac{17}{64} & 165000 \\[12pt]
X\,{}^1S & \dfrac{47 - \sqrt{241}}{128} & 168800.
\end{array}
\right.$$

Before discussing the accuracy of this method, we will first discuss the stability of the terms because unstable terms do not belong to well-defined energy levels. The terms of complex atoms can be divided into two classes that are by now experimentally well known. Indeed for radiative transitions between terms belonging to the same class there

---

([4]) Cfr. V. FOCK, "Z. Physik", *63*, 855 (1930).

is a selection rule $\Delta L = \pm 1$ whereas for transitions between different classes the selection rule is $\Delta L = 0$ (this in the case of normal coupling is LAPORTE selection rule). Terms belonging to the first class (that WIGNER calls *normal*([5])) are even or odd (*i.e.* they do not or they do change sign under reflection in the nucleus) for even or odd L. Terms in the second class (*reflected* terms according to WIGNER) are even when the azimuthal quantum is odd or odd for even azimuthal quantum. In hydrogen or in atoms with many electrons, if all but one are in s orbits, all terms are, according to the above definition, *normal.* If the terms listed in table (2) are unstable they give rise to spontaneous transitions to states with an electron in a hyperbolic orbit and another electron in the ground state $1s$, hence to states with normal symmetry. Since, when there is no radiation, the symmetry characters are unchangeable as they depend on constants of the motion, we conclude that the only stable terms listed in (2) are the reflected ones, whereas the normal terms are unstable for AUGER effect at least in the non-relativistic approximation.

The only reflected term among those in the table is $2p2p\,^3P$ which is even with odd azimuthal quantum. It is therefore the only one with well-defined energy provided, of course, we disregard the coupling with the radiation field; all the other terms have a width presumably of the order of some hundreds cm^{-1}.

2. The precision of formula (1) is different for the various terms we have considered. For the term $2p2p\,^3P$, which is the lowest among the reflected ones, the determination of the energy by variational methods is a problem of absolute minimum when the approximating functions have the right symmetry. It follows that the value of the term we consider that appears in (2) represents a lower limit and we can assume that its error does not differ appreciably from the error that one finds if we calculate the ground term $1s1s\,^1S$ with the same method. Indeed in both cases the two electrons are in equivalent orbits with zero radial number. Moreover, the relative value of the interaction compared with the value of the term and consequently the relative correction due to the variation of the unit of length differ but little in the two cases. With this method we find that the value of the ground state is $-\frac{W}{Rh} = \frac{729}{128} = 5.695$, whereas the empirical value and the theoretical one obtained by HYLLERAAS is $-\frac{W}{Rh} = 5.807$, the difference being less than 2%. If we assume in our case an identical relative error, the energy of the term $2p2p\,^3P$ is 156350 cm^{-1} below the limit of He$^+$. This figure is very close to the experimental one if the interpretation of the line $\lambda = 320.4$ is correct (156000 cm^{-1}).

The determination of the other terms listed in (2) is not a problem of absolute minimum since there exist an infinite number of lower states and an infinite number of higher states with the same symmetry. This may lead to a partial compensation of the errors. Moreover, these terms are "obtuse", *i.e.* their energy is not exactly defined and their calculation, as the one I attempted for the term X that I will recall later on, is meaningful only if we do not push the approximation too far. I believe that the errors on the values that are listed in (2) beside that for $2p2p\,^3P$ do not exceed a few thousands cm^{-1}

([5]) E. WIGNER, "Z. Physik", *43*, 624 (1927).

in the case of the deepest ones (X and $2s2p\,{}^3P$) and several thousands in the case of the highest ones. To attribute the line $\lambda = 357.5$ to helium is thus rather problematic. According to the interpretation suggested by KRÜGER the term $2s2s\,{}^1S$, or better the term X, should be about $191000\,\mathrm{cm}^{-1}$ below the limit of He^+ which looks to be too far from the theoretical value([6]). To examine the other possible interpretations, let us note that this line, because of its position, should arise from the combination of an ordinary term of neutral helium with an anomalous one. On the other hand, the discrete spectrum of neutral helium, except for the ground state which cannot come into play, falls in the range between 439000 and $470000\,\mathrm{cm}^{-1}$ below the limit of He^+. Since the frequency of the line under discussion is about $280000\,\mathrm{cm}^{-1}$, it should arise from an anomalous term lying between 159000 and $197000\,\mathrm{cm}^{-1}$ below the same limit. The only terms satisfying this condition among those that we have mentioned (and there is no need to take into account other terms arising from different orbits which are certainly too small) are the term X and the term $2s2p\,{}^3P$. It is very unlikely that the line $\lambda = 357.5$ be a combination of the term $2s2p\,{}^3P$ with a normal term; indeed the last one should have at least a total quantum equal to 4 and it would be very strange that its combination with deeper terms had not been observed; I just mention this possible interpretation for the unlikely case that this line be due to atomic helium. Finally, the term X could explain the line $\lambda = 357.5$ by combining with a normal term of total quantum 3; the most probable, as it is the only that satisfies the selection rules, would be $X\text{-}1s3p\,{}^1P$. In this case the value of the term X should be approximately $171300\,\mathrm{cm}^{-1}$ which is not too far from the one in table (2). Let us assume that the eigenfunction of the state X be

$$[\alpha + \beta(r_1 + r_2) + \gamma r_1 r_2 + \delta(x_1 x_2 + y_1 y_2 + z_1 z_2)]e^{-\varepsilon(r_1+r_2)}$$

which coincides with the unperturbed eigenfunction for some values of the constants. If we determine these constants by the variational method, the value of the term X is approximately $168500\,\mathrm{cm}^{-1}$ which is not too different from the one calculated using formula (1), even though the number of parameters is considerably larger, but still less compatible with the assumption $1s3p\,{}^1P\text{-}X$. The latter is rather unlikely because of the absence of the line $1s2p\,{}^1P\text{-}X$. The other possible interpretations that have not been discussed are even less acceptable. We thus conclude that the attribution of the line $\lambda = 357.5$ to helium is at the moment still doubtful in spite of the experimental evidence. In any case it cannot be accepted without further investigation.

([6]) A different evaluation referred by the author does not seem to be correct.

Comment on the Scientific Paper n. 3: *"On the possible anomalous terms of helium"*.

In this paper, appeared in "Il Nuovo Cimento" in 1931, E. Majorana deals with the calculation of certain doubly excited levels of helium. The motivation was given by claims of P. G. Krüger, who, a year earlier, observed new emission lines from a helium discharge and ascribed them to the helium spectrum[1]. According to Krüger, these lines at wavelengths of 32.04 nm and 35.75 nm were due to transitions involving doubly excited helium levels, namely to the $1s2p\ ^3P - 2p2p\ ^3P$ and $1s2s\ ^1S - 2s2s\ ^1S$ transitions.

Majorana takes into account all helium levels generated by combining two idrogenoid orbits with principal quantum number $n = 2$ and includes the mutual electrons repulsion as a perturbation. The levels are ordered based on the electrons total angular momentum, total spin and parity: $2s2s\ ^1S$, $2s2p\ ^3P$, $2p2p\ ^3P$, $2p2p\ ^1D$, $2s2p\ ^1P$, $2p2p\ ^1S$. Actually, as Majorana points out, the first and the last in the list, having exactly the same symmetries, are mixed by the electrons Coulomb interaction and give rise to two new terms, called, respectively, X and Y in the paper. The energies of all levels are evaluated by a variational perturbative approach and the expected error is estimated from that in calculating the ground-state energy, precisely found by Hylleraas. Majorana was well aware that all doubly excited helium levels lie above the continuum, *i.e.* have an energy higher than the ionized state formed by the ground-state He$^+$ ion and a free electron. As a consequence, the doubly excited states can undergo spontaneous ionization, also known as Auger effect. Generally, the levels subject to the Auger effect are so highly unstable, hence undetermined in energy, that they cannot give rise to radiative transitions with well-defined wavelengths, such as those observed by Krüger. Relying on symmetry arguments, Majorana deduces that, among the above listed levels, only the $2p2p\ ^3P$ is properly stable. This level is stable because it is a "reflected" state, meaning that, upon a parity transformation, its wave function is multiplied by a factor $(-1)^{L+1}$ with L denoting the orbital angular momentum, while for "normal" levels the wave function acquires a factor $(-1)^L$. In the absence of radiation, transitions from "reflected" to "normal" states, such as the ionized state, are forbidden. As for the $2s2s\ ^1S\ (X)$ state, he speculates that, although unstable, its lifetime could be much longer than the others, and thus Krüger's assignment, involving the $2s2s\ ^1S\ (X)$ level for the line at 35.75 nm, should not be readily rejected without further inquiry.

To judge Krüger's assignment, Majorana compares the wave numbers of the two

---

[1] P. G. KRÜGER, *Phys. Rev.* **36** (1930) 855.

lines with his calculations. Majorana deems correct the identification of the 32.04 nm line, while unlikely that of 35.75 nm line: the former line implies that the term $2p2p$ ^3P lies 156000 cm^{-1} below the energy of the bare nucleus He^{++}, in good agreement with Majorana's value of 156350 cm^{-1}. On the contrary, the line at 35.75 nm would put the $2s2s$ ^1S (X) energy 191000 cm^{-1} below the He^{++} threshold, i.e. too far from the calculated value of 168800 cm^{-1}. Unable to find other suitable terms, E. Majorana doubts that the 35.75 nm line belongs to the helium spectrum altogether.

It is worth noticing how Majorana emphasizes the symmetry properties of the investigated levels upon rotations, exchange of electrons and parity. Such an approach, while commonplace in modern physics, was unusual at that time. Indeed, in the introduction of his fundamental book *Gruppentheorie und Quantenmechanik* (1931), H. Weyl remarks that the use of the group representations in physics was just dawning.

Published in Italian, this work of Majorana's seems to have gone largely unnoticed if a few years later Fender *et al.*([2]), Ta-You Wu([3]) and Wilson([4]) separately attack the same issue with no reference to Majorana. Fender *et al.* and Wilson agree with Majorana on rejecting Krüger's identification of the 35.75 nm, while Wu, even in the presence of a 3.4% discrepancy, backs Krüger's assignment with "a partial support"([*]). Later on, doubly excited helium levels have been studied by several authors, among those U. Fano who, in this context, elaborated his celebrated theory of the lineshapes of a discrete state coupled to a continuum([5]). Recently, E. Lindroth revaluated the energies of all levels considered by Majorana, finding values systematically below those of Majorana, with differences ranging from 1% to 9%([6]). The energy widths found by Lindroth show that Majorana was right in presuming the $2s2s$ ^1S (X) state to be longer lived than the other levels, but it is still too wide to yield sharp transition lines.

Retrospectively we clearly see that, in the intervening 75 years, Majorana's interest in the helium spectrum has been shared by many. In 1929, a fundamental contribution was given by E. A. Hylleraas who introduced a specific set of trial wave functions that proved very successful for variational calculations([7]). A vigorous drive to improve upon Hylleraas' work came in the sixties by C. L. Pekeris and co-workers, who exploited the newly available computers([8]). Another leap forward was carried out by G. W. F. Drake([9]), who increased the precision of Schrödinger eigenvalues up to 10^{-15}.

([2]) F. G. FENDER and J. P. VINTI, *Phys. Rev.* **46** (1934) 77.
([3]) TA-YOU WU, *Phys. Rev.* **46** (1934) 239.
([4]) WM. S. WILSON, *Phys. Rev.* **48** (1935) 536.
([*]) One year later, in 1935, Ta-You Wu found a 19% mistake in his calculation. Once corrected the mistake, the partial support to Krüger's assignment resulted untenable. It is somewhat ironic that, as U. Fano pointed out in a conversation with E. Amaldi, Wu's work has been frequently quoted while Majorana's almost never.
([5]) U. FANO, *Phys. Rev.* **124** (1961) 1866.
([6]) E. LINDROTH, *Phys. Rev.* **49** (1994) 4473.
([7]) E. A. HYLLERAAS, *Z. Phys.* **54** (1929) 347.
([8]) Y. ACCAD, C. L. PEKERIS and B. SCHIFF, *Phys. Rev.* **4** (1971) 516.
([9]) G. W. F. DRAKE, in *Atomic, Molecular and Optical Physics Handbook*, edited by

Nowadays, far from being exhausted, the interest for helium levels has shifted. Since the Schrödinger equation is solved for all practical purposes, the atomic theory takes now into account relativistic, recoil and radiative corrections. The challenging task is first to derive the perturbation operators in powers of the fine-structure (FS) constant α and of the electron-to-nucleus mass ratio m/M, then to evaluate the operators on non-relativistic wave functions. Calculated levels can be checked by laser spectroscopy experiments, that on helium have reached precisions up to 0.01 ppb. Another important chapter in helium spectroscopy is the investigation of FS splittings. Because many contributions cancel out, the FS separations are less affected by unknown relativistic, recoil and QED corrections. Since, for instance, the FS splittings of the $1s2p\ ^3P$ state have been measured with a precision of 0.03 ppm, these could be used to determine α once the theory is sufficiently well established[10].

We know how Majorana was cautious, even reluctant, in publishing his works. The influence he bears on physics with only 9 papers highlights not only the depth of his insight but also his foresight in choosing his topics. Rephrasing A. Schawlow's remark about diatomic molecules being molecules "with an atom too many", one could think that the helium atom has an electron too many since it cannot be solved exactly like hydrogen. However, here lies the very reason of the interest that helium aroused in E. Majorana and continues to arouse among researchers, theoreticians and experimentalists alike.

MASSIMO INGUSCIO
Università di Firenze

FRANCESCO MINARDI
Università di Firenze

G. W. F. Drake (AIP Press, New York) 1996, p. 154, and reference therein.
[10] P. J. MOHR and B. TAYLOR, *Rev. Mod. Phys.* **77** (2002) 1.

NOTA SCIENTIFICA n. 4   —   SCIENTIFIC PAPER no. 4

Reazione pseudopolare fra atomi di idrogeno(*)

Nota di Ettore Majorana

"Rendiconti dell'Accademia dei Lincei", vol. 13, 1931, pp. 58-61.

Termini anomali con entrambi gli elettroni eccitati sono da lungo tempo conosciuti in atomi con due elettroni di valenza; notiamo in particolare i seguenti, che sono in parte ben noti in numerosi elementi neutri o ionizzati: $2p2p\,^3P_{012}$, $2p2p\,^1D$, $2p2p\,^1S$. Formalmente analogo a questi ultimi sarebbe, secondo una recente interpretazione([1]), il termine X della *molecola* di idrogeno, a cui spetterebbe precisamente la configurazione $(2p\sigma)^{2\,1}\Sigma_g$(**). Ma l'analogia non sussiste nei riguardi energetici; mentre infatti negli atomi la frequenza della riga $2p2p \rightarrow 1s2p$ è dello stesso ordine di grandezza della frequenza $1s2p \rightarrow 1s2s$, al contrario il termine X è relativamente profondo, poco più alto del termine normale $1s\sigma2p\sigma\,^1\Sigma_u$($\star$) con cui dà intense combinazioni nell'ultra-rosso, ma il secondo a sua volta è assai più elevato dello stato fondamentale $(1s\sigma)^{2\,1}\Sigma_g$ (ca. 12 volt); sorge di qua la difficoltà di giustificare in via teorica la anormale posizione energetica di detto termine anomalo e la sua stessa esistenza. A tale difficoltà Weizel ha cercato di ovviare con una valutazione problematica, fondata su dubbie analogie; noi abbiamo affrontato direttamente la questione, e i nostri calcoli sembrano confermare la presunzione di Weizel che esista un termine profondo $(2p\sigma)^{2\,1}\Sigma_g$, benché la distanza teorica di equilibrio dei nuclei si accordi meglio con il termine K (secondo Weizel $2p\sigma3p\sigma\,^1\Sigma_g$) che con il termine X.

Risulta peraltro che la qualifica di stato con due elettroni eccitati è puramente formale, e in realtà la designazione dei termini mediante gli stati dei singoli elettroni, se giova alla

---

(*) Presentata dal Socio O. M. Corbino nella seduta del 4 gennaio 1931.
([1]) W. Weizel, "Z. Physik", *65*, 456 (1930).
(**) Gli indici in basso g ed u stanno per "gerade" ed "ungerade" che in tedesco significano "pari" e "dispari". (Nota del Curatore in E. Amaldi, *op. cit.*)
($\star$) Nei "Rendiconti dell'Accademia dei Lincei" è erroneamente stampato Σ_n, qui e in seguito, al posto di Σ_u. (Nota del Curatore, si veda anche E. Amaldi, *op. cit.*)

loro numerazione e al riconoscimento di quei caratteri di simmetria che non sono turbati dall'interazione, non permette da sola di trarre conclusioni attendibili sulla forma effettiva delle autofunzioni; le cose stanno qui ben diversamente che nel caso di campi centrali, dove è in generale possibile astrarre dall'interdipendenza dei movimenti degli elettroni (polarizzazione), senza perder di vista l'essenziale.

Il termine $(2p\sigma)^{21}\Sigma_g$ di cui ci dobbiamo occupare si può pensare come parzialmente costituito dall'unione $H^+ + H^-$, il che non significa che sia un composto polare, poiché per l'uguaglianza dei costituenti il momento elettrico cambia segno con frequenza elevata (frequenza di scambio) e non è quindi osservabile; in questo senso parliamo di composto pseudopolare.

Tutto ciò vale soltanto in una rozza approssimazione e per una descrizione più accurata, benché ancora assai schematica, è necessario considerare la reazione $H^+ + H^-$ insieme con l'altra $H + H$ che fu da sola esaminata da Heitler e London[2]; limitandoci allora ai termini *pari* che ne risultano troviamo: 1) lo stato fondamentale $(1s\sigma)^{21}\Sigma_g$ in seconda approssimazione rispetto al metodo di Heitler e London; 2) lo stato anomalo $(2p\sigma)^{21}\Sigma_g$. Il primo deriva prevalentemente da $H + H$, il secondo prevalentemente da $H^+ + H^-$.

1. Se si divide lo spazio delle configurazioni in quattro regioni aa, ab, ba, bb, secondo che ciascuno degli elettroni è più vicino al nucleo a o al nucleo b, e si prescinde per un momento dall'interazione, le quattro possibilità sono egualmente rappresentate nello stato $(2p\sigma)^{21}\Sigma_g$, ma l'autofunzione è, ad esempio, positiva in aa e bb, negativa negli altri due casi; l'interazione accresce la probabilità di trovare il sistema in[*] aa e bb e diminuisce quella di trovarlo in ab e ba. Si riconosce facilmente questo comportamento anormale osservando che lo stato $(2p\sigma)^{21}\Sigma_g$ deve essere ortogonale allo stato fondamentale, e in questo, come la riconosciuta applicabilità del metodo di Heitler e London lascia presumere, sono rappresentati in modo preponderante, per nuclei sufficientemente lontani, le regioni ab e ba; possiamo quindi ritenere che con qualche approssimazione appartiene a $(2p\sigma)^{21}\Sigma_g$ l'autofunzione di $H^- + H^+$ simmetrizzata nei nuclei: che tale approssimamazione sia peraltro insufficiente s'immagina facilmente se si osserva che in tal modo le superficie nodali vanno interamente perdute. Queste ricompaiono se si include nel calcolo di perturbazione l'unione $H + H$ di due atomi neutri. Indicando con Φ_{12} e Ψ_{12} le autofunzioni elettroniche di H^- rispettivamente intorno al nucleo a e intorno al nucleo b, e con φ o ψ l'autofunzione dell'atomo neutro a o b, si possono costruire come combinazione delle configurazioni $H^- + H^+$, $H^+ + H^-$, $H + H$ (quest'ultima doppia per risonanza degli elettroni) due autofunzioni pari appartenenti al sistema dei singoletti:

$$(1) \qquad \begin{cases} y_1 = \Phi_{12} + \Psi_{12} \\ y_2 = \varphi_1\psi_2 + \varphi_2\psi_1. \end{cases}$$

---

[2] W. Heitler e F. London, "Z. Physik", *44*, 455 (1927).
[*] Nei "Rendiconti dell'Accademia dei Lincei" è erroneamente stampato "di". (Nota del Curatore.)

Degli altri due stati che derivano dalle stesse configurazioni ed hanno simmetria differente non ci occupiamo; essi sono lo stato dispari dei tripletti $1s\sigma 2p\sigma^3\Sigma_u$, instabile e già considerato da Heitler e London e, con qualche approssimazione, lo stato $1s\sigma 2p\sigma^1\Sigma_u$ che appartiene ai singoletti ma è anch'esso dispari. Gli stati y_1 e y_2 dati da (1) non sono ortogonali, ma lo stato fondamentale $(1s\sigma)^{2\,1}\Sigma_g$ e lo stato anomalo $(2p\sigma)^{2\,1}\Sigma_g$ devono risultare da loro combinazioni ortogonali. L'equazione secolare per la determinazione degli autovalori si scrive(*):

(2)
$$\begin{vmatrix} I_0 + I_1 - (1+S)E & 2M - 2QE \\ 2M - 2QE & L_0 + L_1 - (1+R)E \end{vmatrix} = 0$$

essendo, se le autofunzioni sono reali:

(3)
$$\begin{cases} I_0 = \displaystyle\int \varphi_1\psi_2 H \varphi_1\psi_2 d\tau \\[2mm] I_1 = \displaystyle\int \varphi_2\psi_1 H \varphi_1\psi_2 d\tau \\[2mm] L_0 = \displaystyle\int \Phi_{12} H \Phi_{12} d\tau \\[2mm] L_1 = \displaystyle\int \Phi_{12} H \Psi_{12} d\tau \\[2mm] M = \displaystyle\int \varphi_1\psi_2 H \Phi_{12} d\tau \\[2mm] S = \displaystyle\int \varphi_1\psi_1\varphi_2\psi_2 d\tau \\[2mm] R = \displaystyle\int \Phi_{12}\Psi_{12} d\tau \\[2mm] Q = \displaystyle\int \varphi_1\psi_2\Phi_{12} d\tau \end{cases}$$

Se si assume come zero dell'energia quella, ad esempio, degli atomi neutri separati si può riguardare H come perturbazione; la differenza delle energie di $H^+ + H^-$ e $H + H$ figura allora naturalmente come perturbazione quando H è applicato a Φ_{12} o a Ψ_{12}.

2. Parte degli integrali (3) si trovano in Heitler e London(^{3}) e Sugiura(^{4}); per valutare gli altri dobbiamo procurarci una espressione approssimata di Φ_{12}. Questa autofunzione, che descrive lo ione H^-, non è esattamente conosciuta, ma il suo autovalore,

---

(*) Nei "Rendiconti dell'Accademia dei Lincei" in eq. (2) manca erroneamente il termine "= 0". (Nota del Curatore, si veda anche E. Amaldi, *op. cit.*)
(^{3}) W. Heitler e F. London, loc. cit.
(^{4}) Y. Sugiura, "Z. Physik", *45*, 484 (1927).

che è legato all'affinità elettronica dell'idrogeno, è stato calcolato con estrema precisione da vari Autori([5]); questo semplifica la valutazione degli integrali (3) poiché H si riduce ad un operatore finito. Come espressione di Φ_{12} possiamo assumere con una certa approssimazione il prodotto $\Phi_1\,\Phi_2$ di due autofunzioni dipendenti dai singoli elettroni; la soluzione migliore, nel senso della minima energia, è allora, come è noto, quella fornita dal metodo di Hartree, che nel nostro caso è con grande approssimazione:

$$\Phi_1 = \frac{c}{r_1}\left(e^{-0,29\frac{r_1}{a_0}} - e^{-1,68\frac{r_1}{a_0}}\right)$$

e analogamente per Φ_2, ma benché sia possibile eseguire tutti i calcoli con questa autofunzione, la complicazione è eccessiva e abbiamo preferito l'espressione più semplice

$$\Phi_1 = c\,e^{-\frac{11}{16}\frac{r_1}{a_0}}$$

che è stata usata da Hylleraas nella sua teoria dell'idruro(*) di litio solido([6]). L'uso dell'autofunzione approssimata Φ_{12} e il modo convenzionale d'intendere $H\Phi_{12}$ fornisce per M due valori differenti:

$$M = \int \varphi_1\psi_2 H\Phi_{12}d\tau \qquad e \qquad M = \int \Phi_{12}H\varphi_1\psi_2 d\tau.$$

Abbiamo preferito la prima espressione che è più semplice e forse più esatta, ma come la seconda non si presta al calcolo, il controllo non ci è stato possibile, salvo che in casi limiti. Il più alto degli autovalori di (2) che appartiene a $(2p\sigma)^{2\,1}\Sigma_g$ diviene minimo a una distanza che male si accorda con la distanza d'equilibrio del termine X (circa 2 Å in luogo di 1,35), ma l'energia risulta allora di 7,5 volt al di sopra di quella degli atomi neutri separati e nello stato fondamentale, cioè circa $27000\,\mathrm{cm}^{-1}$ sotto il limite normale di H_2 (sperimentalmente per il termine X: $22000\,\mathrm{cm}^{-1}$) e questo risultato è anche troppo favorevole, poiché per il metodo seguito era da aspettarsi un valore notevolmente minore del vero. Benché non possiamo escludere in modo assoluto che l'interpretazione di Weizel sia falsa e che il termine $(2p\sigma)^{2\,1}\Sigma_g$, certamente stabile e relativamente profondo, non sia il termine X ma, o il termine K, o altro termine non ancora osservato, si può forse attribuire l'errore nella determinazione della posizione di equilibrio e il risultato troppo favorevole del calcolo dell'energia all'uso di una autofunzione poco corretta per H^-: una valutazione quantitativa è difficile, ma sembra certo che quella approssimazione tende a produrre errori nel senso stesso delle divergenze constatate fra calcolo ed esperienza.

([5]) H. Bethe, "Z. Physik", *57*, 815 (1929); E. A. Hylleraas, ivi, *60*, 624 (1930); P. Staro-dubroski, ivi, *65*, 806 (1930).
(*) Nei "Rendiconti dell'Accademia dei Lincei" è stampato idrite (di litio), ma nel manoscritto figura idride, termine improprio, traslato dal tedesco, per idruro: LiH. (Nota del Curatore in E. Amaldi, *op. cit.*)
([6]) E. A. Hylleraas, "Z. Physik", *63*, 771 (1930).

Commento alla Nota Scientifica n. 4 : "Reazione pseudopolare fra atomi di idrogeno".

Questo lavoro, il numero 4 della produzione di Majorana, è "tecnicamente" simile al lavoro numero 2 sul legame chimico dello ione He_2^+. Sebbene Majorana sia un teorico il suo interesse muove sempre da considerazioni di tipo sperimentale. Anche la motivazione di questo lavoro non si riduce ad un puro esercizio accademico ma punta a spiegare un fenomeno non spiegato osservato nello spettro della molecola di H_2 (il cosiddetto termine X). Mentre per un sistema atomico la frequenza della transizione $2p\,2p - 1s\,2p$ (in cui sono coinvolti due elettroni ottici eccitati) è molto simile a quella della transizione $1s\,2p - 1s\,2s$ (dove un solo elettrone ottico è eccitato) questo comportamento non è più valido per un analogo sistema molecolare come osservato nello spettro dell'H_2 in cui lo stato eccitato $(2p\sigma)^2\,{}^1\Sigma_g$ decade verso lo stato $1s\sigma\,2p\sigma\,{}^1\Sigma_u$ nella regione spettrale dell'infrarosso (termine X anomalo). Come già fatto nel lavoro n. 2, Majorana fa uso del concetto di forza di risonanza.

Il suo approccio è di assumere la formazione della molecola di H_2 come il risultato dell'interazione tra due ioni, H^+ e H^- (*legame pseudopolare*), e di considerare la possibilità che un elettrone possa saltare da un nucleo all'altro ad una data frequenza. Coerentemente con questa idea, Majorana sceglie combinazioni di autofunzioni elettroniche del sistema $(H^+ + H^-)$ (dove un elettrone può oscillare tra due protoni) e del sistema $(H + H)$ (dove invece ciascun elettrone è associato ad un protone) e seleziona due funzioni pari che danno luogo a stati legati. In questo modo egli trova lo stato fondamentale $(1s\sigma)^2$ ${}^1\Sigma_g$ (già contenuto nella teoria di Heitler e London) e lo stato eccitato $(2p\sigma)^2\,{}^1\Sigma_g$.

Per raggiungere questo risultato Majorana dimostra ancora una volta di utilizzare con grande padronanza le funzioni d'onda (vedi, per esempio, la discussione circa lo spazio delle configurazioni della densità elettronica, le congetture sulle superfici nodali, e gli argomenti per selezionare gli stati di singoletto). Inoltre, per ottenere risultati quantitativi egli riesce a superare i limiti impostati dalla non integrabilità analitica introducendo, ad arte, semplificazioni opportune. Così come il punto di partenza del suo lavoro è riferito a fatti sperimentali, i dati riportati in letteratura sono costantemente impiegati come *feed-back* dei suoi calcoli.

A tale proposito è significativo sottolineare lo stile con il quale Majorana adopera questi confronti. Di fronte ad un buon accordo con i dati sperimentali Majorana non esita quasi a sminuirne la portata commentando: *"... si può forse attribuire... il risultato troppo favorevole del calcolo dell'energia all'uso di una autofunzione poco corretta per* H^-". Simili dichiarazioni, tra l'altro presenti anche nel lavoro n. 2, denotano una onestà intellettuale ed uno spirito predisposto a stupirsi che, oggigiorno, rappresentano virtù piuttosto rare.

ANTONIO SASSO
Università di Napoli

Pseudopolar reaction of hydrogen atoms(*)(**)

ETTORE MAJORANA

Anomalous terms with both the electrons excited are known since a long time to occur in atoms with two valence electrons. In particular, the following are well known in numerous neutral or ionized atoms: $2p2p\,^3P_{012}$, $2p2p\,^1D$, $2p2p\,^1S$. According to a recent interpretation(^{1}) the X term of the hydrogen *molecule* is formally analogous to these terms and should be precisely assigned to the configuration $(2p\sigma)^{21}\Sigma_g(\star)$. The analogy, however, breaks down in regard to the energies: whereas in atoms the frequency of the line $2p2p \rightarrow 1s2p$ is of the same order of magnitude as the frequency of the line $1s2p \rightarrow 1s2s$, the X term is instead relatively deep, slightly above the normal term $1s\sigma2p\sigma\,^1\Sigma_u(\star\star)$ with which it intensely combines in the infrared region; but the second one is in turn much higher than the ground state $(1s\sigma)^{21}\Sigma_g$ (ca. 12 volts). The problem is then to justify theoretically the abnormal energy level of such an anomalous term and even to justify its existence. WEIZEL, in his attempt to solve the problem, provided a rather questionable evaluation based on dubious analogies. We have attacked the problem directly and our calculations seem to confirm WEIZEL's assumption about the existence of a deep term $(2p\sigma)^{21}\Sigma_g$, although the theoretical equilibrium distance between the two nuclei is in better agreement with the term K (according to WEIZEL $2p\sigma3p\sigma\,^1\Sigma_g$) than with the term X.

(*) Presented by the member O. M. CORBINO at the meeting held on January 4, 1931.
(**) Translated from "Rendiconti dell'Accademia dei Lincei", vol. 13, 1931, pp. 58-61, by P. Radicati di Brozolo.
(^{1}) W. WEIZEL, "Z. Physik", 65, 456 (1930).
($\star$) The lower indices g and u are shorthand notations for "gerade" and "ungerade", which are the German for "even" and "odd". (Note of the Editor in E. AMALDI, *op. cit.*)
($\star\star$)In "Rendiconti dell'Accademia dei Lincei" it is erroneously printed Σ_n, here and in the following, in place of Σ_u. (Note of the Editor, see also E. AMALDI, *op. cit.*)

On the other hand, to consider such a state as a state with two excited electrons has purely formal meaning. In reality, to designate such terms with the states of the single electrons, though it may be convenient for their numbering and for the identification of those symmetry characters that are not affected by the interaction, does not allow by itself to draw reliable conclusions on the explicit form of the eigenfunctions. The situation is very different from the one of central fields where it is generally possible to neglect the interdependence of the electron motions (polarization) without losing sight of the essentials.

The term $(2p\sigma)^{2\,1}\Sigma_g$ we have to deal with can be thought of as partially formed by the union $H^+ + H^-$. This does not mean, however, that it is a polar compound since, because of the equality of the constituents, the electric moment changes sign with a high frequency (exchange frequency) and therefore cannot be observed. It is in this sense that we speak of a pseudopolar compound.

All that has been said so far holds true only in rough approximation. For a more accurate, even though still rather schematic, description, one needs to consider together with the reaction $H^+ + H^-$ also the other, $H + H$, the sole one studied by HEITLER and LONDON([2]). Then if we only consider the resulting *even* terms, we find that: 1) in second approximation, with respect to HEITLER and LONDON's method, the ground state is $(1s\sigma)^{2\,1}\Sigma_g$; 2) the anomalous state is $(2p\sigma)^{2\,1}\Sigma_g$. The first comes predominantly from $H + H$, the second predominantly from $H^+ + H^-$.

1. Let us divide the configuration space into four regions: aa, ab, ba, bb, according as to whether each of the electrons is closer to nucleus a, or to nucleus b, and let us disregard for the moment the interaction. The four possibilities are equally represented in the state $(2p\sigma)^{2\,1}\Sigma_g$; the eigenfunction is, say, positive in aa and bb and negative in the other two cases. The interaction increases the probability to find the system in aa and bb, whereas it decreases that of ab and ba. This anomalous behaviour can be easily understood by noticing that the state $(2p\sigma)^{2\,1}\Sigma_g$ must be orthogonal to the ground state. In this state the regions ab and ba are predominantly represented, if the nuclei are sufficiently distant, as indeed expected from the applicability of HEITLER and LONDON's method. We can then assume with some approximation that the eigenfunction of $H^- + H^+$ symmetrized with respect to the nuclei belongs to $(2p\sigma)^{2\,1}\Sigma_g$. However, it is easy to recognize that this approximation is insufficient by observing that the nodal surfaces are completely lost. These nodal surfaces reappear if we include the union $H + H$ of two neutral atoms in the perturbative calculation. Let us denote by Φ_{12} and Ψ_{12} the electronic eigenfunctions of H^- for the electrons close to nucleus a and nucleus b, respectively, and by φ or ψ the eigenfunction of the neutral atom a or b. With these functions we can construct as a combination of the configurations $H^- + H^+$, $H^+ + H^-$, $H + H$ (the last being double due to the electrons resonance) two even eigenfunctions belonging to the singlet system:

$$(1) \qquad \begin{cases} y_1 = \Phi_{12} + \Psi_{12} \\ y_2 = \varphi_1\psi_2 + \varphi_2\psi_1. \end{cases}$$

([2]) W. HEITLER and F. LONDON, "Z. Physik", *44*, 455 (1927).